高等院校环境艺术设计辅助教材

手绘
教学课堂

建筑写生与调研

陈学文　主　编

邱景亮　副主编

董　雅　主　审

天津大学出版社
TIANJIN UNIVERSITY PRESS

图书在版编目（CIP）数据

建筑写生与调研：手绘教学课堂 / 陈学文主编. —天津：天津大学出版社，2012.4（2020.7重印）
ISBN 978-7-5618-4335-2

Ⅰ.①建⋯ Ⅱ.①陈⋯ Ⅲ.①建筑艺术-写生-作品集-中国-现代 Ⅳ.①TU204

中国版本图书馆CIP数据核字（2012）第061458号

出版发行：天津大学出版社	经销：全国各地新华书店
出版人：杨欢	开本：210㎜×285㎜
地址：天津市卫津路92号天津大学内	印张：8
电话：发行部 022-27403647	字数：82千字
编辑部 022-27406416	版次：2012年4月第1版
邮编：300072	印次：2020年7月第2次
印刷：廊坊市海涛印刷有限公司	定价：40.00元

前言

　　环境艺术设计专业包含的内容十分丰富，就教学而言要求学生既要掌握一定的工程科技知识，又要具有一定的艺术素养，这些知识的集合构成了学生未来从事环境艺术设计的必备条件。而写生与调研是环境艺术设计专业的基础课，是通向复杂的专业知识塔顶进程中的重要节点。这门课程从理性与感性交织的特性出发，既关注学生审美水平的提高，又要通过现场对中国传统民居及现代建筑环境的若干要素进行理性分析，从而得出自己对问题的思考与理解。

　　写生是美术基本功训练的常用手法，由于训练的目的不同，对写生的理解和侧重也会有所区别。对于纯粹绘画专业的学生其训练角度会重点强调主观感受，写生的对象只是一个参考介质，并不要求准确地反映。而针对环境艺术设计专业的写生则不同，由于写生对象大都是些经典的传统建筑，写生的目的一方面要体现对物象的感受，另一方面这种感受要基于写生对象原设计的真实状态，通过对这种真实状态的描绘获得对原始设计的形态、材料、质感的深刻认识，进而理解它们内在的文化肌理。因此要求写生过程既要忠实于原型，又要对原型进行适度的艺术处理，体现建筑写生特有的艺术语言，其难度是很大的。调研是对某些现有的环境艺术进行研究，这些环境艺术或许是一个古民居村落，或许是现代建筑环境，或许是一片较大的区域，或许是一个个细部节点，透过这些形形色色的现实环境，通过了解它们的形成因素、现实状态，进而剖析设计理念、设计成就、历史地位及在该领域的影响和现实意义等。学生通过大量现实体验、资料搜集、研究归纳等，在思想深处形成理性的优劣判断，进而获得深刻的理解，并通过图文体现出来。写生与调研互相协调、相互作用，在思想推理和直观表现交织下完成写生与调研的全过程。

　　本书收录了天津大学建筑学院艺术设计系学生这两年所作的写生与调研作品。学生深入现场用写生与调研的方式记录了视野中景象，并表达了发自内心的感慨，全面展示了学生在一定的理论基础上面对现实场景所激发的灵感与思想。无论这些思考深与浅、对与错，都是发自肺腑，或者是学习过程的一个段落，有待其他院校师生及广大读者批评与点拨，以利于学生们今后的成长。

陈学文

2011年7月

目录

写生与调研课的教学思考

一、写生与调研课程内容

在环境艺术设计专业教学体系中，写生课作为学生的必修课占有非常重要的地位，学生入学第一、二年级首先进行室内写生训练，写生对象包括石膏像、静物及室内环境等。这些课程的安排目的是训练学生对现实物体的观察能力和表达能力，实际上是训练学生眼和手的协调能力。观察能力包括对现实物体的观察方法，调整和纠正入学前不正确的观察习惯，教导学生从整体入手，局部服从大局，不被一些枝节所干扰，分清主次轻重，强调大小、强弱之间的关系，克服观察误区。观察虽然是感性的，但其中有理性分析的成分，要学会辩证地理解物体之间的关系。

在表达能力的训练中，要求将正确观察到的物体状态经过一定的技巧表现出来，其中的主次关系、大局和局部的关系、前后关系是表达过程中所要解决的重点，这对环境艺术设计专业至关重要。在观察训练的基础上进行表达训练，这时观察能力是前提，表达训练与观察结果相互作用才能由始至终完成全过程。因为观察过程经常会受到习惯性错觉的干扰，不自觉地形成错位，导致下意识的表达紊乱。这一协调的过程需要经过长期反复的训练才能调整到相对稳定的状态，达到成熟的写生效果。这期间的训练意义在于通过基本的观察和表达方法的训练使学生进入正确的主体与客体之间的认知互动关系，从绘画的角度逐步进入专业审美阶段。也可以说这一阶段是从技术层面解决绘画方法问题，同时兼顾审美能力的提高，是基本功的训练，为深入的专业艺术课程的学习打下坚实的基础。

随着课程的进展对写生的要求也在提高，进入二年级末要基本完成基础课的教学，在二年级末和三年级开始之间我们安排一个月的小学期，在这期间进行写生与调研的训练。由于之前已经展开了较系统的室内写生练习，学生获得了一定的正规训练知识，在接下来的课程中要进入另一个阶段，即室外写生练习。考虑到专业的因素，环境艺术与建筑及其周围环境关系非常密切，接下来应当把写生对象对焦在建筑及环境方面，必须通过写生逐步认识室外建筑物及环境在特定气氛中的形象效果，从而积累经验，增强对室外自然界景物规律的认识能力。室外写生与室内写生的不同点在于其时间是动态的，建筑物受到阳光照射会出现光影效果，而一天中早、中、晚不同时段光照影响发生变化，必然会导致形态的变动。这时要训练学生快速抓住特定时段的光影变化特征，提升对写生对象的观察力和判断力，掌握好建筑物的动静关系，既要抓住整体形象又要体现细节表情，表现出室外景物的生动状态。

另外，室外写生对象原始状态是预先存在和相对定型的，不似室内写生可以根据理想模式随意调整。因此对室外写生要求一定的二次加工成分，要对现实存在不如意的景物进行适当调整，有些部位还要再创造，使景物该实则实、该虚则虚，主要部位进行细致刻画，强调其应有的突出地位，其他部位起衬托作用。要达到此目的，就要对景物的形象、位置、前后、大小等因素根据一定的经验进行相对调整，从而获得画面上的完美效果。从这两点中我们看到，室外写生的一个明显特征就是要求在对景物写生的同时，体现学生自己对写生对象的理解及感应，强调对形似与神似的辩证关系的认识，变被动为主动，在更大的场面面前训练对景物的自我认知和控制能力，在主观和客观不断作用运行过程中提高自我的审美控制能力。这一阶段的训练比室内写生阶段难度增加了，同时也提出了更高的教学目标。

这门课程另一个内容是调研，学习环境艺术要对现实存在的环境有清楚的了解。所谓调研有两方面的内容。

其一是针对我国传统的古民居进行走访，因为古民居内蕴含优秀的传统文化，是饱经历代风雨的磨砺而形成的，无论是平面布局、使用方式、空间划分、形体构成及装饰手法，其艺术成就皆具有当时、当地特有的意义，并对后世影响巨大，足见其顽强的生命力。环艺专业必须了解这些优秀的文化遗产，认真向祖先学习，不断挖掘和研究古代民居的内在特色，将这些优秀传统文化记忆下来，在设计中将其所蕴含的精髓发扬光大，体现我们博大的历史渊源，以免使我们的现代设计出现因缺少传统而造成的断代现象。

其二是对一些现代环境设计作品进行调研，内容包括建筑立面及环境设计。学生经过两年的专业基础学习，对建筑及环境艺术有了初步的认识，逐步具备了对环境艺术好与坏、美与丑的辨别能力。现实的建筑及环境艺术相对存在优缺点，通过对这些作品调查分析，对其功能定位、使用状况、外在形象，尤其是功能与形式的关系逐一剖析，从理性和感性上探寻其功过成败。每个学生根据自己的理解阐述调研结果，调动学生主动辨析的能力，充分发挥个性思维在其中的作用，得出不一样的结论，甚至相反的观点，只要学生能从自己的角度出发，按照一定的逻辑关系有理有据地推导出结果就是收获。其实重要的是激发学生独立发现问题和分析问题的能力，在此基础上用自己的思路对所存在的问题，提出相应的解决对策并绘制出理想的效果图。由此可见调研是在更宽泛的视野中吸收知识，对环境艺术设计专业而言，重点还在于对调研对象艺术含量的研究，其中古代民居优美的形象作为现代建筑环境的创新源泉，是创新行为的命脉，应引起足够的重视。

二、教学思考

我们所以把写生与调研合二为一是基于如下考虑。

1. 写生与调研是互补关系

通过写生的方法记录下民居的状态，与纯粹照相搜集资料不同，写生时会更加聚精会神思考对象，每一笔一画都凝结着特定的考虑，尤其是细部的刻画是照相机无法比拟的，只有绘画者此时此地专注观察与表现并转化为深刻的认识，才能发现内在的奥妙和特有的存在逻辑。反过来，通过对调研对象的理性认识又促进写生表达方式的优化，进一步提高写生表现的内在水平。因此写生对记录调研对象有独特的优势，对调研活动起到充实和推进作用，二者应该自然地结合在一起。

2. 可以优化教学资源

在之前的环境艺术设计专业教学中，写生与调研是两门课，因为现存传统民居较完整的地区普遍身处深山僻壤，一般路途较远，如果是两门课重复往返既浪费时间又浪费资金，对学校和学生都会造成不必要的负担，而且长途奔波会消耗大量精力，损失对该课程的感知度，降低上课兴趣，课程效果会有所衰减。

3. 良好的课程衔接作用

作为基础部分的写生课到此结束了，而调研课作为后面大量专业内容的开端则刚刚开始，写生与调研恰好起到承上启下的作用。写生的内容经过步步提升，已经由初级的技法训练过渡到了强调个性思维能力的训练，达到了较高的教学训练目标。调研拓宽了学生视野，充实其实战经验，为下阶段的专业学习打下坚实的基础。而写生阶段的训练虽然告一段落，但并不是就此结，而是与调研相互渗透，并通过调研将审美训练的内容和成果继续传递到其后课程的教学中去，继续释放课程能量。

学生对该课程有着强烈的兴趣，投入了大量的情感和体力，冒着酷暑忘我地工作在第一线，按照既定的教学方针和教学计划有步骤、有目的地推进课程训练。其间会出现由浅入深、逐步深化的过程，经过不懈的努力，每个人都摸索出适合自己的方式方法，圆满完成了教学任务并提交了教学成果。

经过几年的课程实验，结合对后续教学结果的考查，证明该课的教学思路是正确的，教学方法是科学的，教学成果是丰硕的，学生的审美水平和徒手表现水平好于之前，对中国传统民居文化的兴趣普遍增强，这种意识已经贯穿到后续课程的教学中。在毕业设计竞赛中，大部分获奖作品与中国传统民居文化有关，并表现出不凡的图面表达能力和审美能力，说明该课程的持续效应是显著的。学生普遍反映由于该课程的复合特性，使眼、手、大脑和身体得到同步训练，整体协调能力大大提高，课程取得了圆满结果，得到了1+1大于2的收获，达到了预期的教学目标。

湖北恩施利川大水井民居之一·戴怡芳

湖南凤凰古城虹桥·戴怡芳

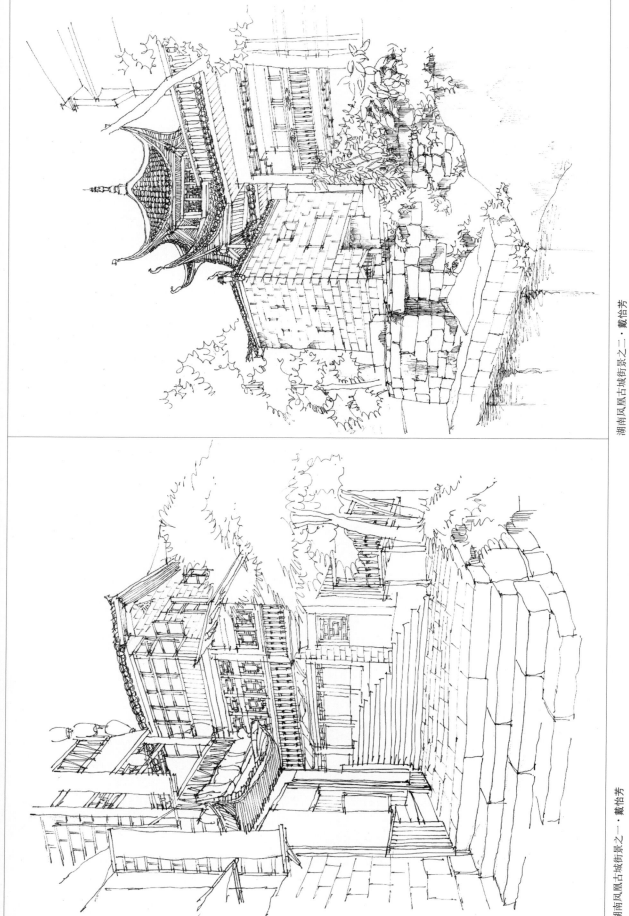

湖南凤凰古城街景之二·戴怡芳

湖南凤凰古城街景之一·戴怡芳

湖南长沙铜官陶街景之二·戴怡芳

湖南长沙铜官陶街景之一·戴怡芳

湖南凤凰古城民居·戴怡芳

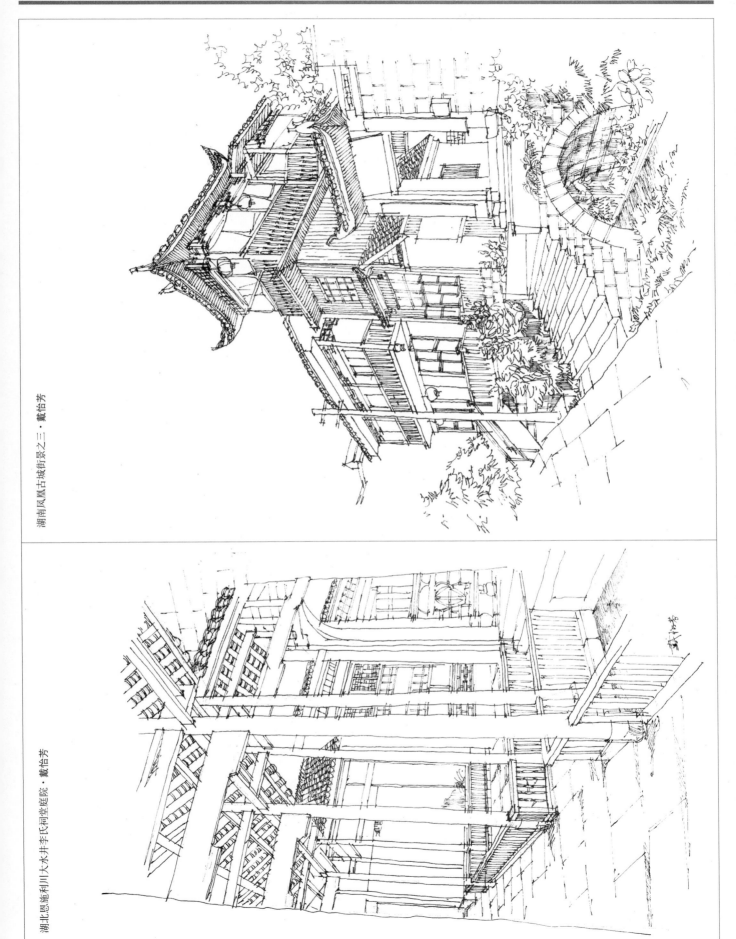

湖南凤凰古城街景之三 · 戴怡芳

湖北恩施利川大水井李氏祠堂庭院 · 戴怡芳

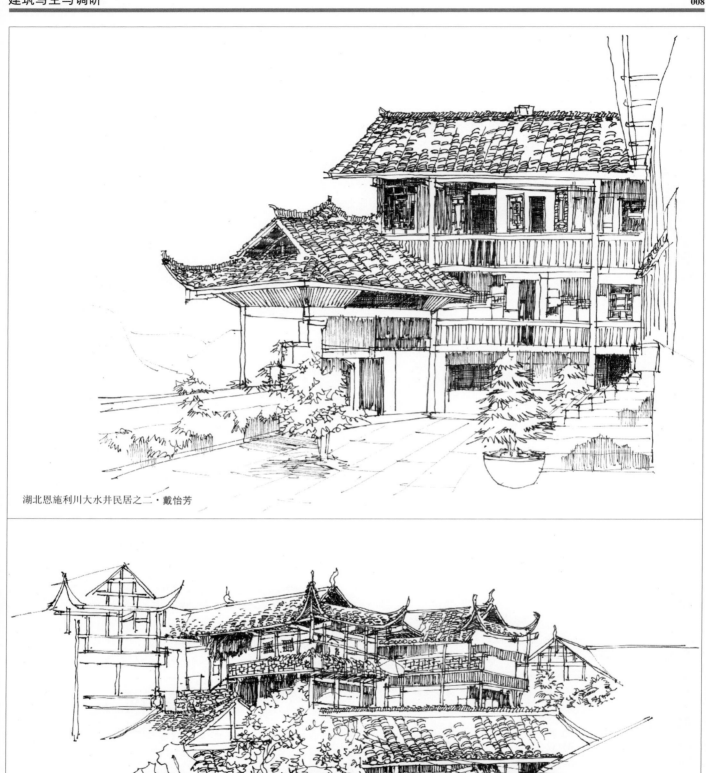

湖北恩施利川大水井民居之二·戴怡芳

湖北恩施宣恩彭家寨民居·戴怡芳

天津意式风情街街景之一·郝钰

天津五大道欧式建筑·郝钰

天津津湾广场·郝钰

天津津湾广场钟楼·郝钰

天津解放路欧式建筑·郝钰

天津意式风情街街景之二·郝钰

湘西古镇民居庭院·黄婷婷

湘西古镇民居·黄婷婷

湖南铜官古镇民居之一·胡非凡

湖南凤凰古城民居局部·胡非凡

湖北恩施宣恩彭家寨远眺・胡非凡

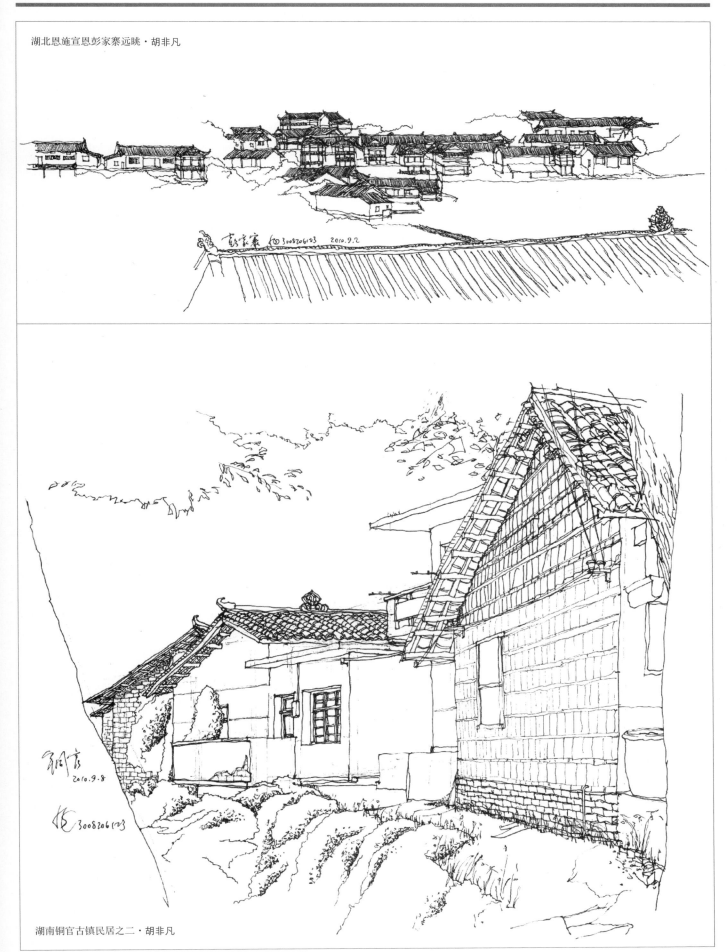

湖南铜官古镇民居之二・胡非凡

湖北恩施宣恩彭家寨民居局部·胡非凡

湖北黄陂大余湾民居局部·胡非凡

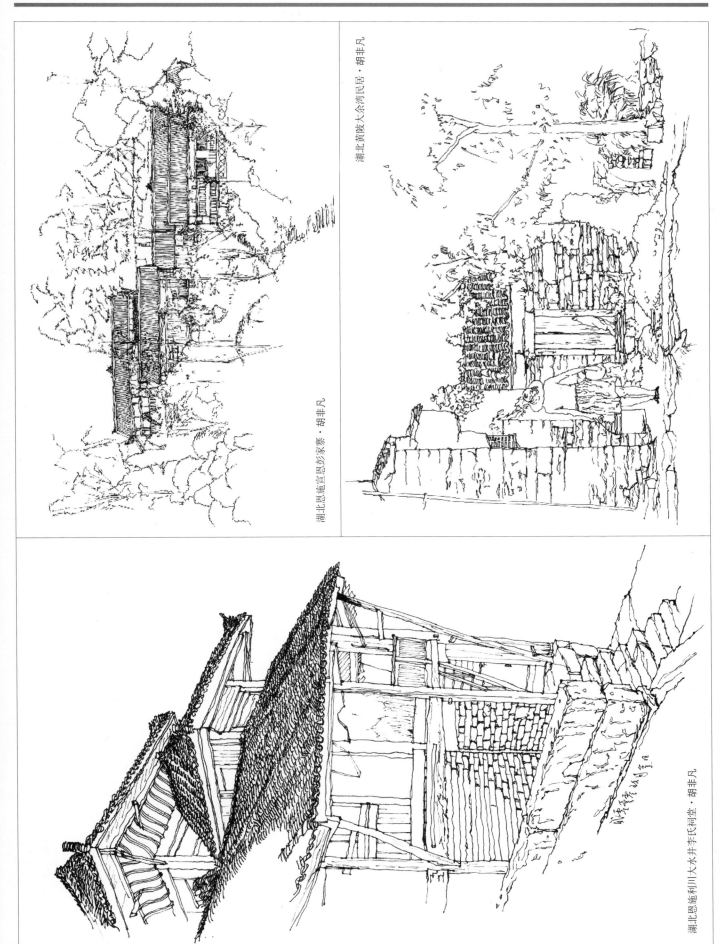

湖北黄陂大余湾民居·胡非凡

湖北恩施宣恩彭家寨·胡非凡

湖北恩施利川大水井李氏祠堂·胡非凡

天津意式风情街传统建筑之一·姜越

天津五大道欧式建筑之一·姜越

天津五大道欧式建筑之二·姜越

天津五大道欧式建筑之三·姜越

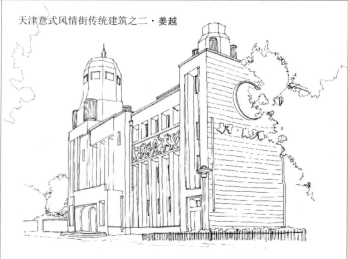

天津意式风情街传统建筑之二·姜越

天津五大道欧式建筑之四·姜越

天津五大道欧式建筑之五·姜越

天津花园路欧式建筑·姜越

天津五大道欧式建筑之六·姜越

天津五大道欧式建筑之七·姜越

湖北恩施宣恩彭家寨民居之一·李冬妮

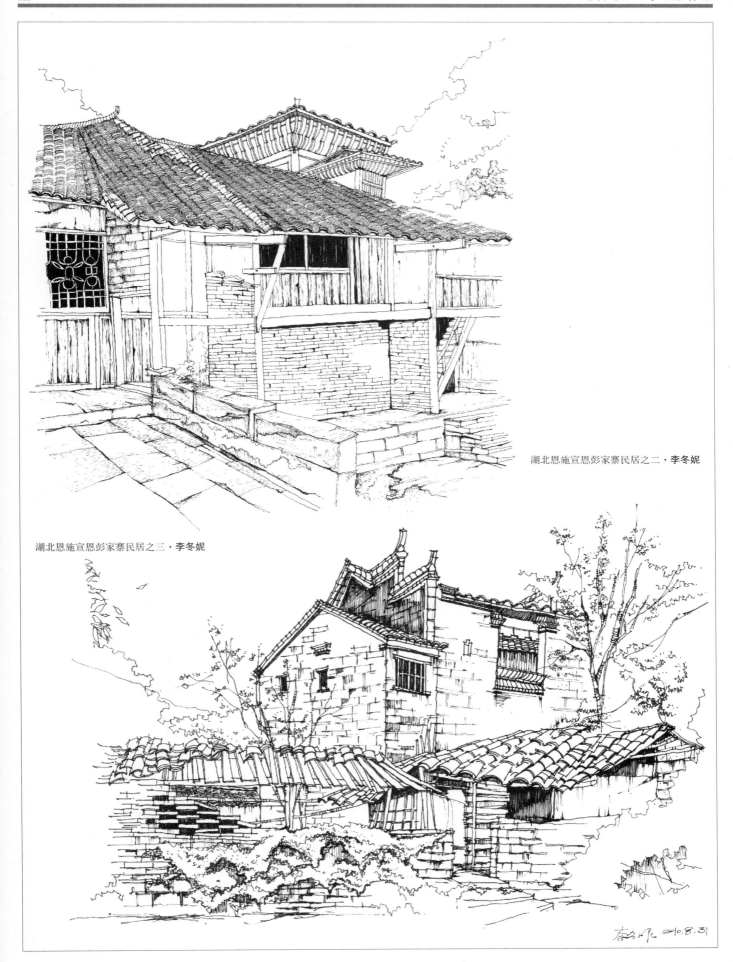

湖北恩施宣恩彭家寨民居之二·**李冬妮**

湖北恩施宣恩彭家寨民居之三·**李冬妮**

湖南凤凰古城民居·李冬妮

湖南凤凰古城远眺之一·李冬妮

湖北恩施宣恩彭家寨民居之四·李冬妮

建筑写生·李冬妮作品

湖南凤凰古城远眺之二·李冬妮

湖南凤凰古城远眺之三·李冬妮

湖南铜官古镇老宅之一·李冬妮

湖北恩施宣恩彭家寨民居之五·**李冬妮**

湖北恩施宣恩彭家寨民居之六·**李冬妮**

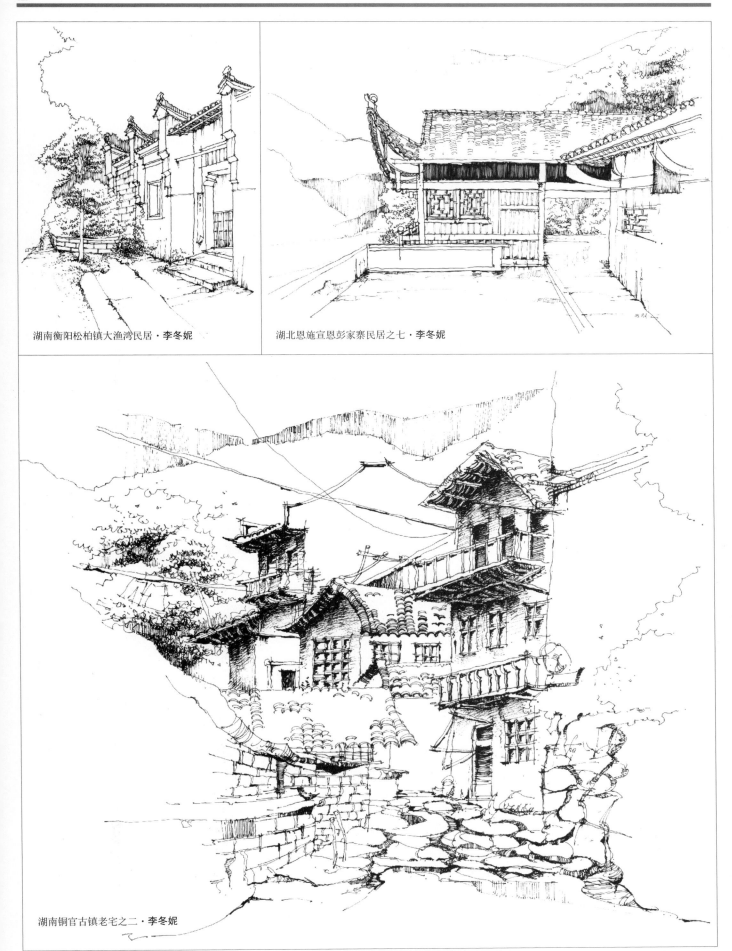

湖南衡阳松柏镇大渔湾民居·**李冬妮**

湖北恩施宣恩彭家寨民居之七·**李冬妮**

湖南铜官古镇老宅之二·**李冬妮**

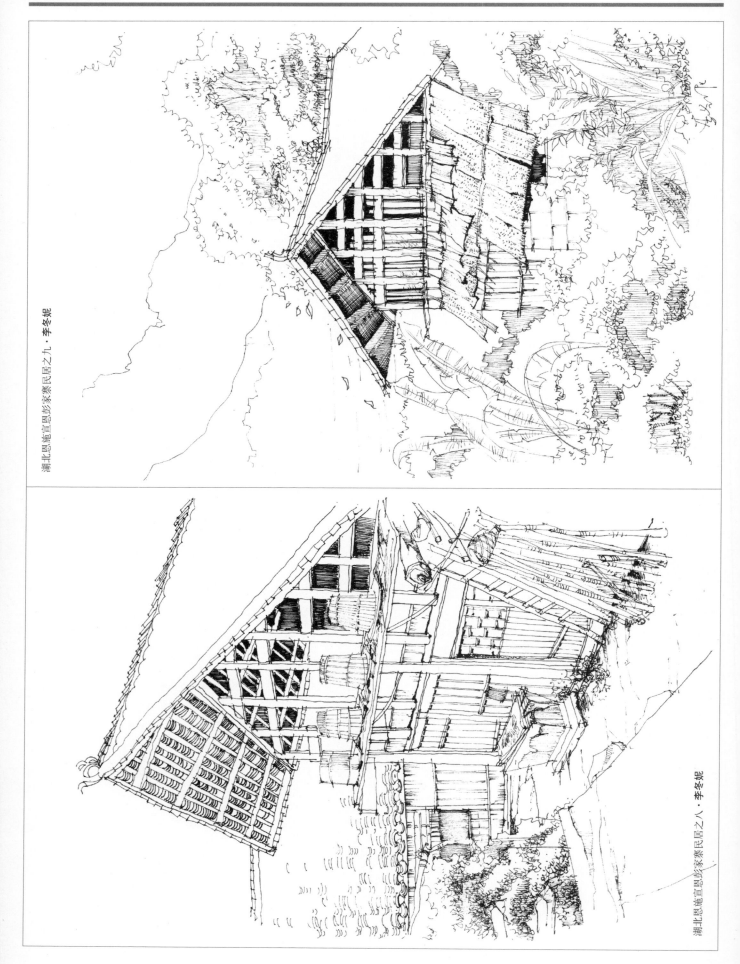

湖北恩施宣恩彭家寨民居之九·李冬妮

湖北恩施宣恩彭家寨民居之八·李冬妮

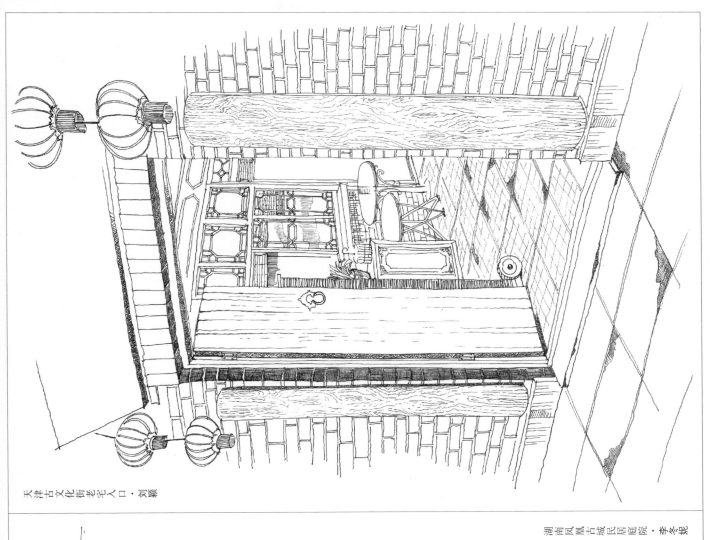

天津古文化街老宅入口·刘颖

湖南凤凰古城民居庭院·李冬妮

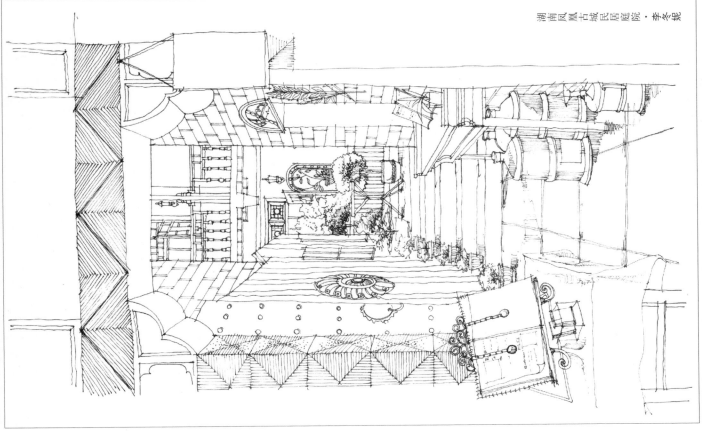

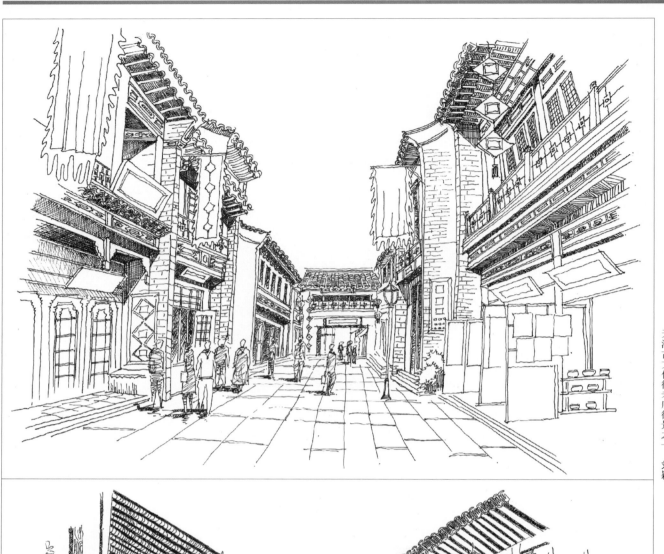

天津古文化街老店街景之一 · 刘颖

天津古文化街老店街景之二 · 刘颖

天津鼓楼街景·刘颖

天津蓟县山村民居·刘颖

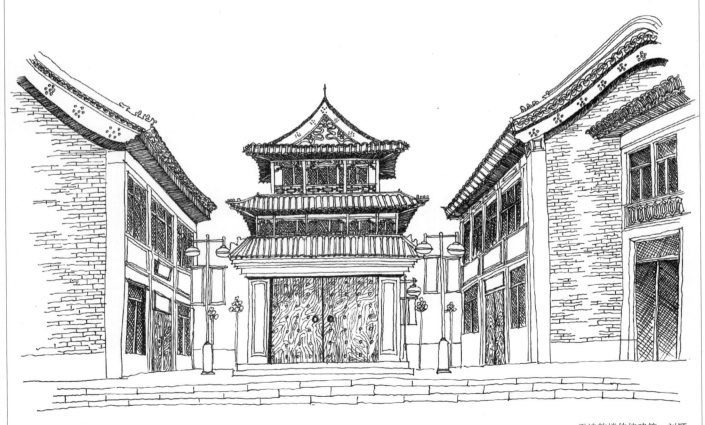

天津鼓楼传统建筑·刘颖

法国马赛即景之一·刘露蕊

法国马赛即景之二·刘露蕊

法国马赛即景之三·刘露蕊

意大利佛罗伦萨即景・刘露蕊

湘西凤凰古城街景・罗晶晶

湖北恩施利川大水井民居・罗晶晶

湘西凤凰古城远眺·李冬至

湖北恩施利川大水井民居·李冬至

苏州博物馆之一·王坤

苏州博物馆之二·王坤

天津古文化街街景·王坤

江苏昆山水乡周庄街景·王坤

天津解放路街景之一·王坤

天津解放路街景之二·王坤

天津意式风情街之一·齐梓钰

天津金湾广场之一·齐梓钰

天津意式风情街之二·齐梓钰

天津金湾广场钟楼·齐梓钰

天津鼓楼街景之一・秦川　　　　　　　　　　　　　　　　天津鼓楼街景之二・秦川

天津金湾广场之二・齐梓钰

天津五大道欧式建筑局部·秦川

天津古文化街街景之一·秦川   天津古文化街街景之二·秦川

天津城隍庙传统建筑·秦川

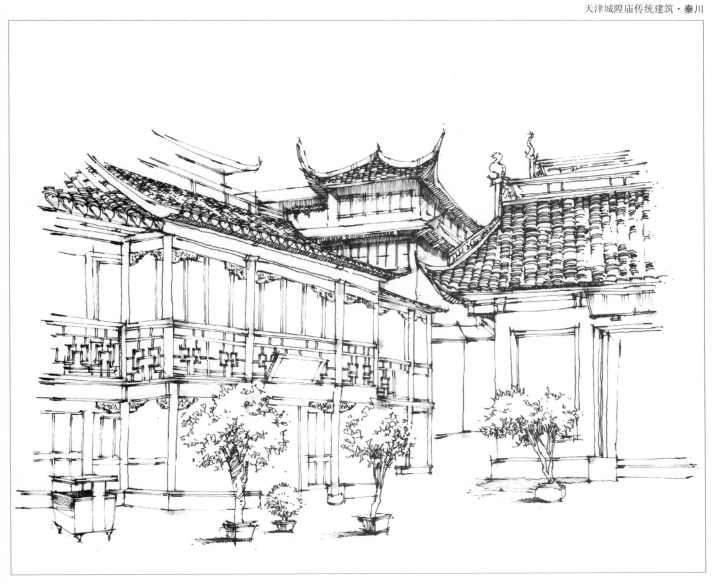

天津意式风情街之一·王妙昕

天津意式风情街之二·王妙昕

天津意式风情街之三·王妙昕

天津金湾广场之一·王妙昕

天津意式风情街之四·王妙昕

天津意式风情街之五·王妙昕

天津长江道街景·王妙昕

天津金湾广场之二·王妙昕

天津意式风情街之六·王妙昕

天津古文化街小巷·王妙昕

天津金湾广场之三·王妙昕

天津古文化街即景·王妙昕

天津古文化街之一 · 王薇

天津古文化街之二 · 王薇

天津古文化街之三 · 王薇

天津古文化街之四 · 王薇

天津古文化街之五·王薇

天津鼓楼街景·王薇

天津意式风情街历史文化展览馆·王薇

天津泰安道老教堂·王薇

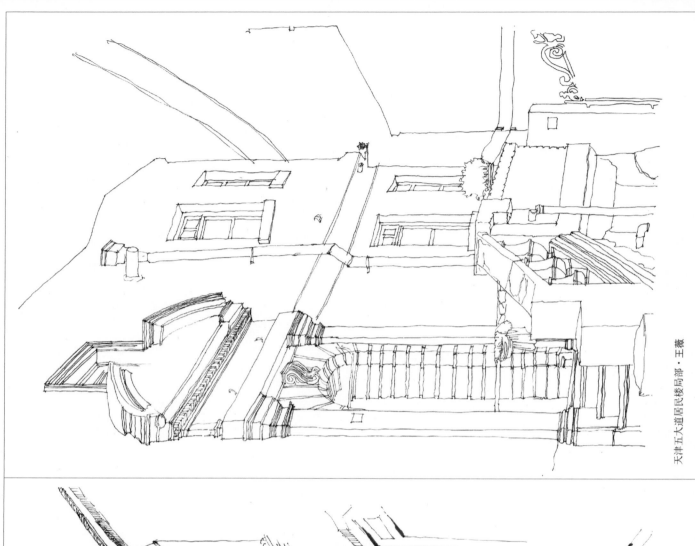

天津五大道居民楼局部·王薇

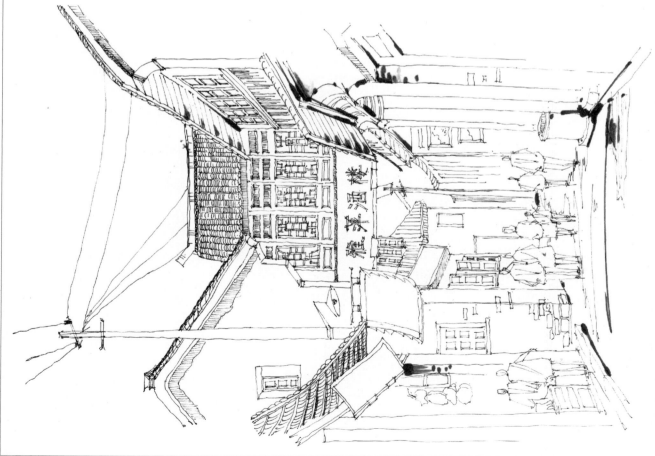

江苏周庄祇淩酒楼·王薇

天津马场道欧式建筑·王薇

天津意式风情街海河历史建筑保护展览馆·王薇

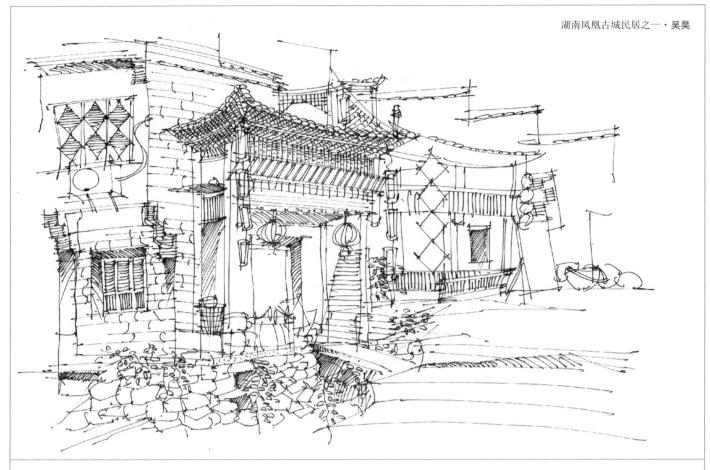

湖南凤凰古城民居之一·吴昊

湖南凤凰古城民居之二·吴昊

湖南凤凰古城街景·吴昊

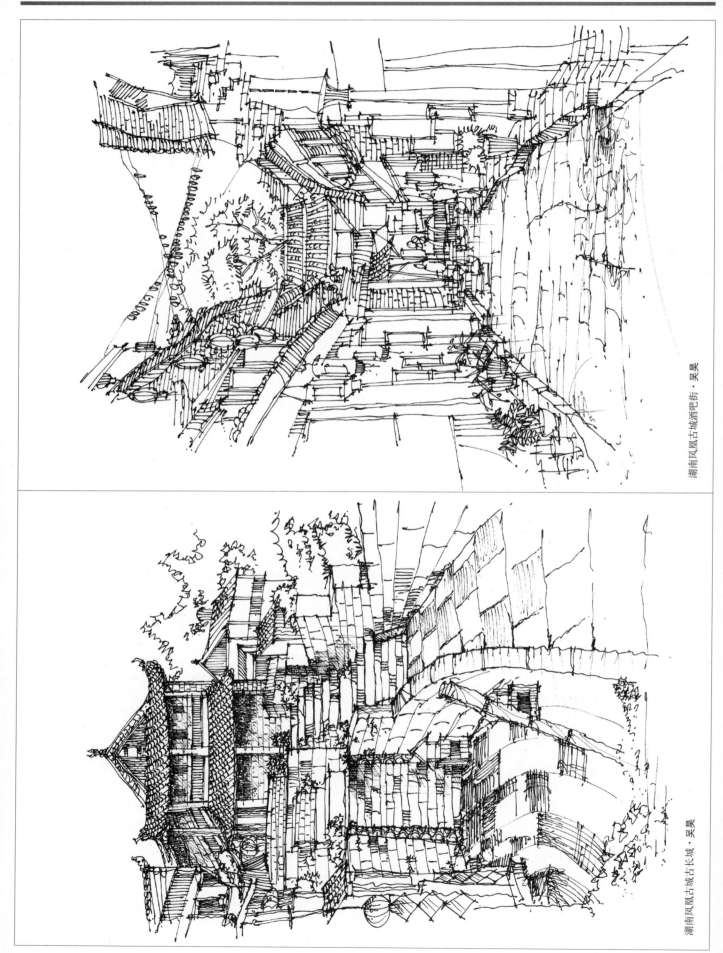

湖南凤凰古城酒吧街·吴昊

湖南凤凰古城古城长城·吴昊

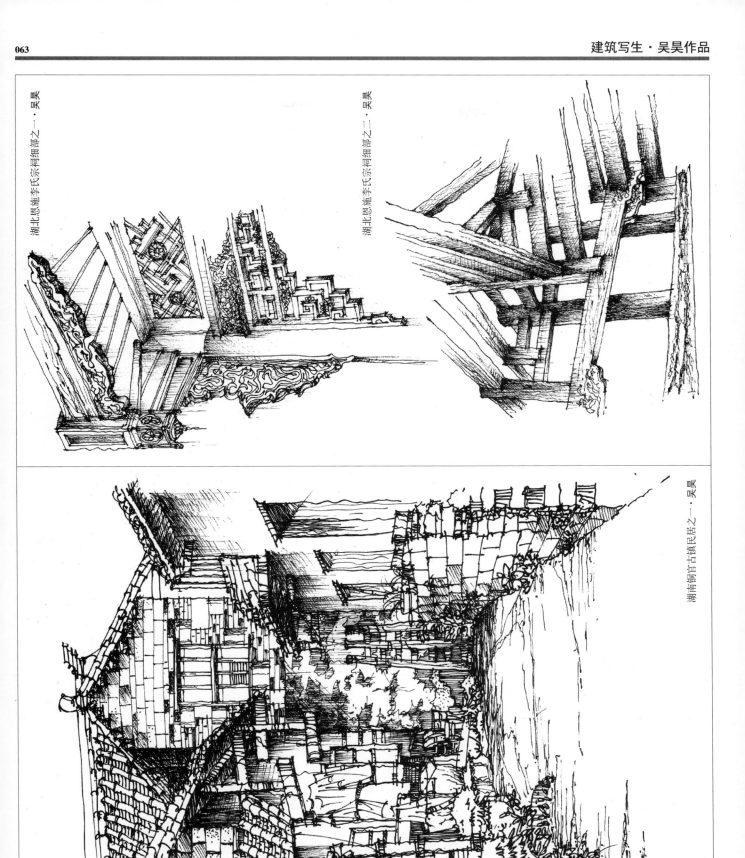

湖北恩施李氏宗祠细部之一·吴昊

湖北恩施李氏宗祠细部之二·吴昊

湖南铜官古镇民居之一·吴昊

湖北恩施李氏宗祠外楼·吴昊

湖北恩施李氏宗祠花园·吴昊

2012.9.13

湖南凤凰古城民居之三·吴昊

湖南铜官古镇民居之二·吴昊

湖北恩施宣恩彭家寨民居之一·徐溅

湖北恩施利川大水井民居之一・徐渡

湖北恩施宣恩彭家寨民居之二・徐渡

湖北黄陂大余湾民居局部·徐嫒

湖北恩施利川大水井民居之二·徐嫒

湖南凤凰古城江畔民居之一 · 徐渶

湖北恩施宣恩彭家寨民居之三 · 徐渶

湖北恩施宣恩彭家寨民居之四·徐凌

湖北黄陂大余湾景观·徐凌

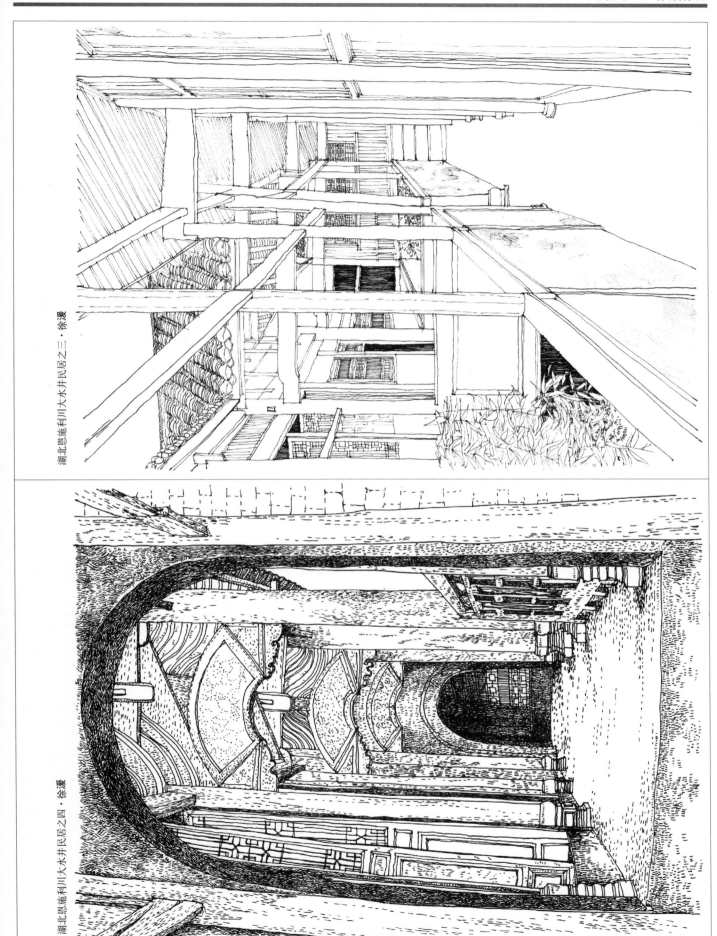

湖北恩施利川大水井民居之三·徐渡

湖北恩施利川大水井民居之四·徐渡

湖南凤凰古城江畔民居之二·徐湲

湖南凤凰古城民居·徐湲

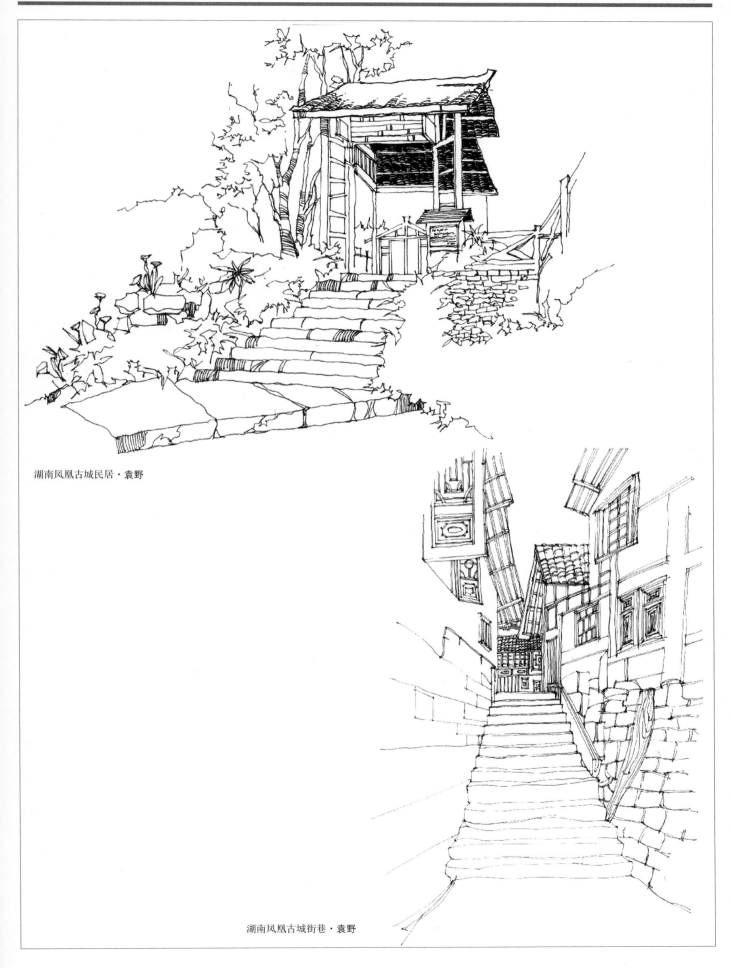

湖南凤凰古城民居·袁野

湖南凤凰古城街巷·袁野

天津五大道小洋楼之一 · 杨云婧

天津五大道小洋楼之二 · 杨云婧

天津五大道小洋楼之三·杨云婧

天津五大道小洋楼之四·杨云婧

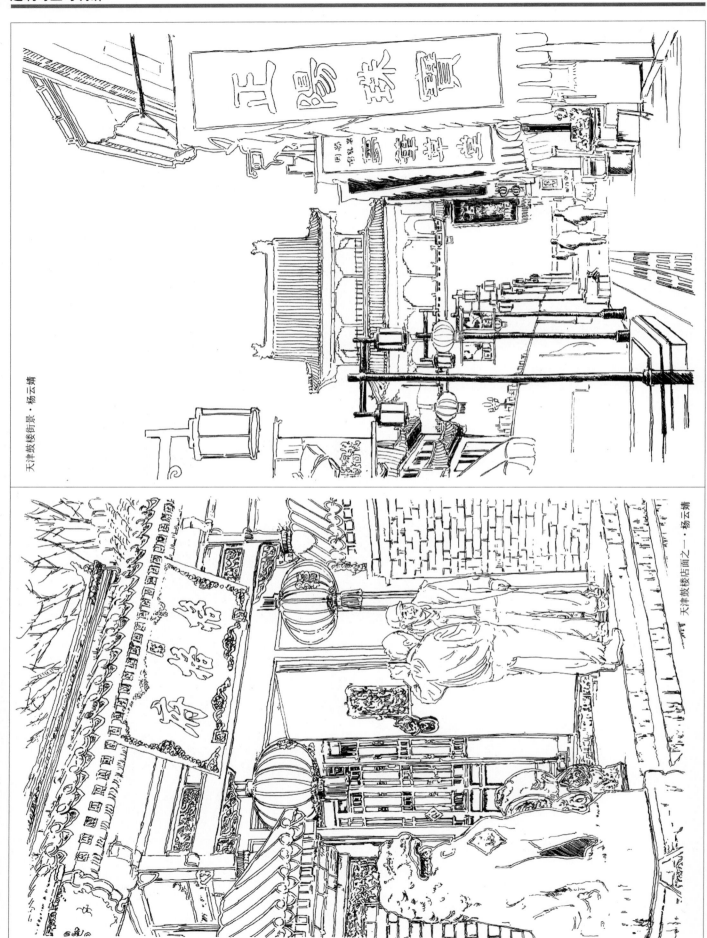

天津鼓楼街景·杨云婧

天津鼓楼店面之一·杨云婧

江苏水乡周庄·杨云婧

天津鼓楼店面之二·杨云婧

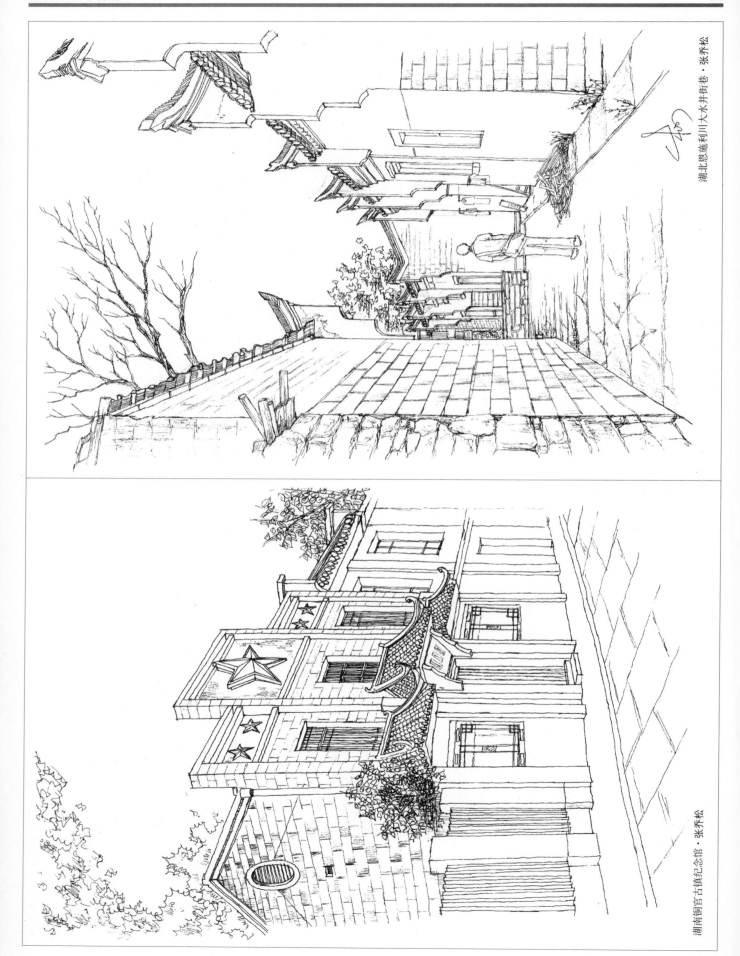

湖北恩施利川大水井街巷·张乔松

湖南铜官古镇纪念馆·张乔松

湖南铜官古镇老宅·张乔松

湖北恩施宣恩彭家寨民居·张乔松

湖南凤凰古城江畔民居之一·张乔松

湖南凤凰古城江畔民居之二·张乔松

湖南凤凰古城江畔即景·张乔松

湖南凤凰古城街景之一·张乔松

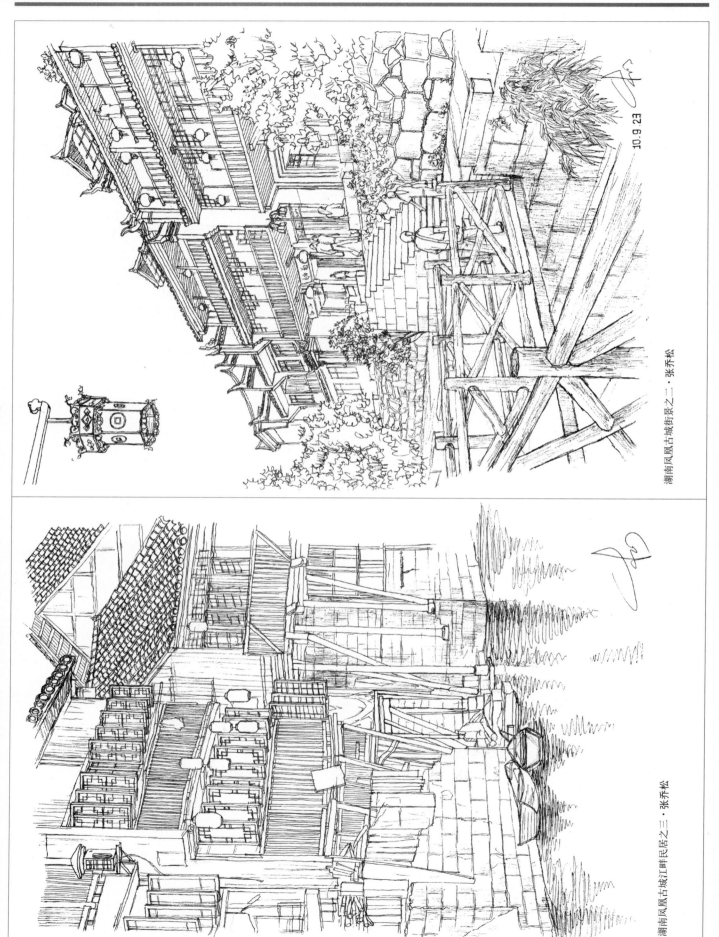

湖南凤凰古城街景之二·张乔松

湖南凤凰古城江畔民居之三·张乔松

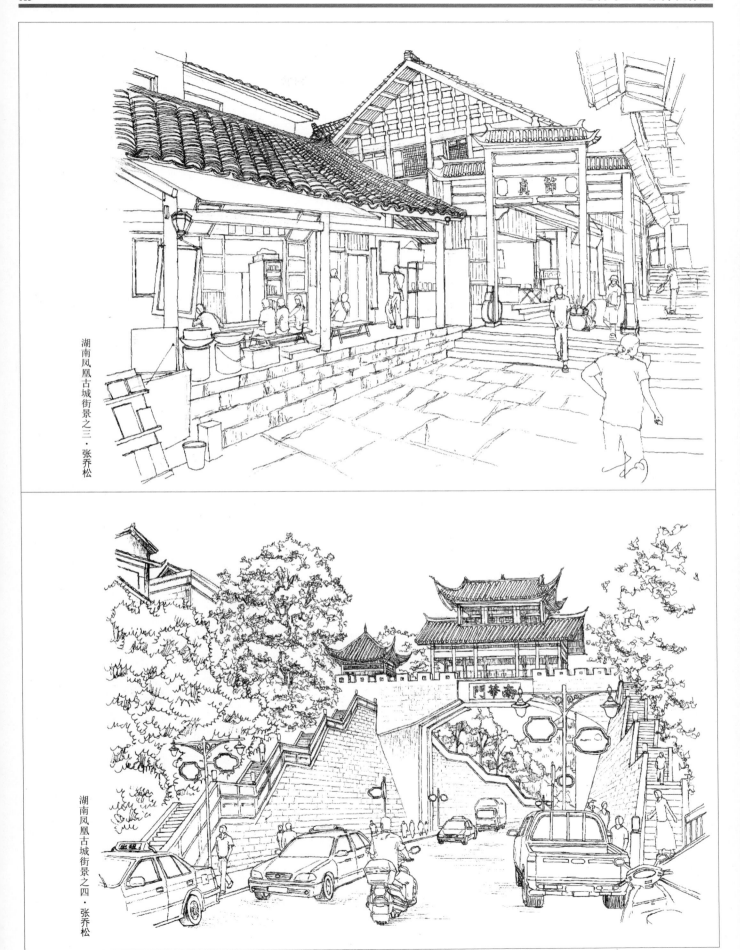

湖南凤凰古城街景之三·张乔松

湖南凤凰古城街景之四·张乔松

湖北恩施宣恩彭家寨民居·张雪

湖北恩施利川大水井李氏祠堂走廊·张雪

天津意式风情街老建筑之一·张寞轩

天津意式风情街老建筑之二·张寞轩

天津古文化街店面之一·张寰轩

天津古文化街店面之二·张寰轩

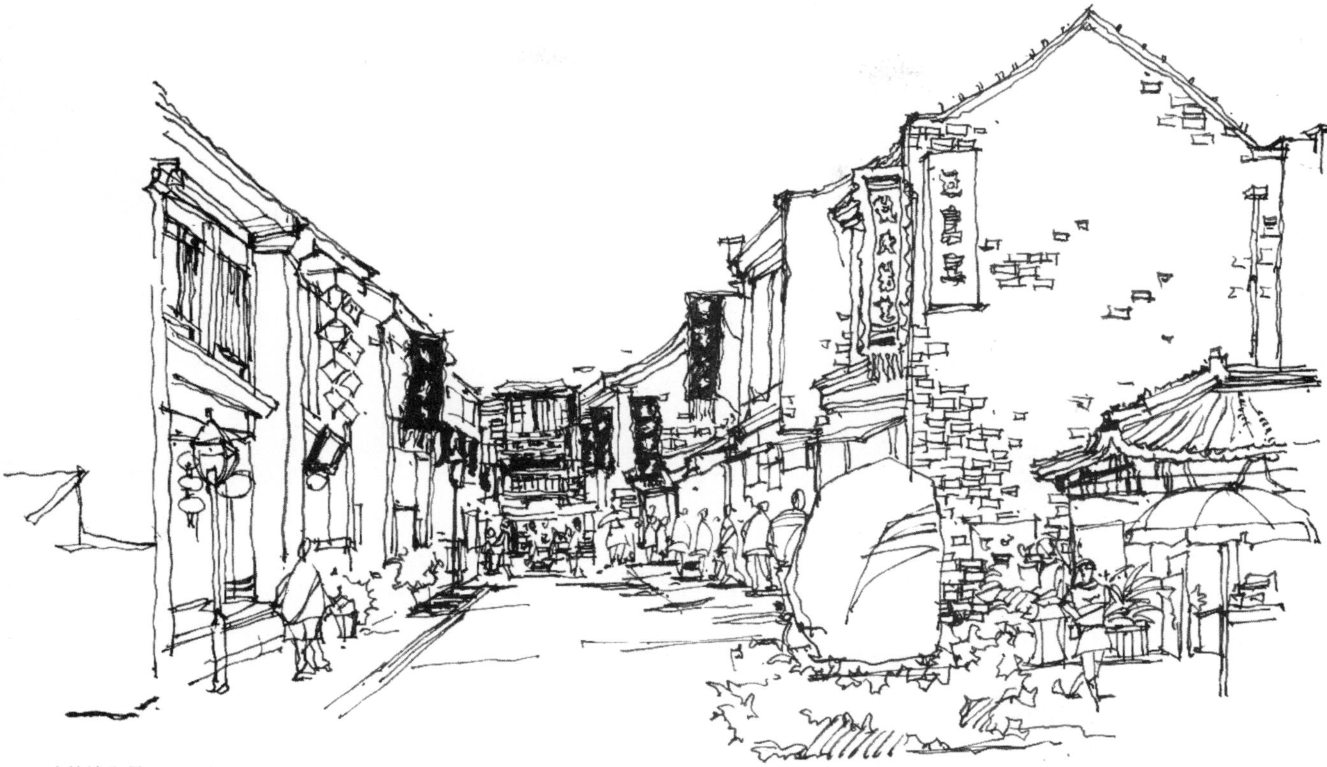

天津鼓楼街景·张寞轩

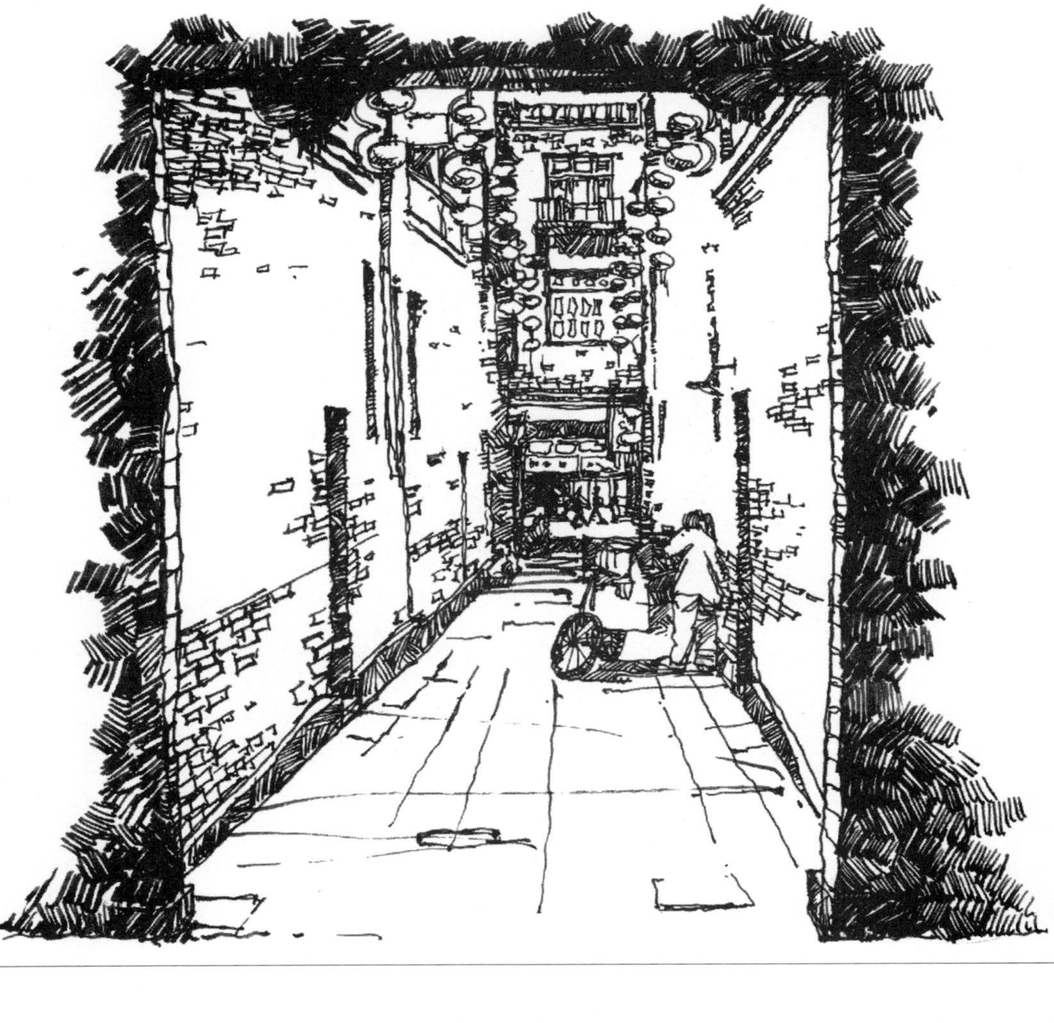

天津鼓楼胡同·张寞轩

凤凰古城是一座国家历史文化名城，它位于湘西沱江之畔，群山环抱，曾被新西兰著名作家路易·艾黎称为中国最美丽的小城。2001年12月17日，凤凰古城被国务院列为中国历史文化名城。

古城风景秀丽、历史悠久，名胜古迹甚多。城内有石板小街，古代城楼，明清古院；城外则沱江蜿蜒，河水清冽，桨声舟影，山歌互答，好一派宁静安祥的小城风光。

凤凰全景 |panoramic view

凤凰城

临水吊脚楼 |local perspective

天津大学建筑学院 2011级艺术设计 原炳凡

凤凰古城始建于清康熙四十三年（1704年），历经300多年的风雨沧桑，古貌犹存。现东门和北门古城楼尚在。还有朝阳宫、古城博物馆、杨家祠堂、沈从文与熊希龄故居、天王庙、大成殿、万寿宫等建筑以及江边木结构吊脚楼，无不具有古城特色。

凤凰古城以古街为中轴，连接无数小巷，沟通全城。古街是一条纵向随势成线、横向交错铺砌的青石板路，古街两边建筑飞檐斗拱，自古以来便是热闹的集市，如今更加生机勃勃。店铺中陈设着琳琅满目的民族工艺品，浓浓的古意古韵，透出深厚的文化底蕴。

凤凰古城的标志性建筑之———虹桥，原名卧虹桥，历史悠久。古城北门城楼本名"碧辉门"，采用红砂条石筑砌，既有军事防御作用，又有城市防洪功能，是古城一道坚固的屏障。

沱江北岸全景

凤生

人杰而地灵，文学巨匠沈从文一篇《边城》，将他魂牵梦萦的故土描绘得如诗如画、如梦如歌，荡气回肠，也将这座静默深沉的小城推向了全世界。自称"刁民"的书画大师黄永玉，走遍了世界，却固执地用一座匠心独运的"夺翠楼"书写他浓烈的恋乡情怀。所以在凤凰，缘于对文学家的景仰，你可以去看看沈从文故居和听涛山上的沈从文墓地；缘于对美术家的神往，你可以去看看黄永玉先生的"夺翠楼"……

临水吊脚楼

凤凰

凤凰城

天津大学建筑学院 2008艺术设计 胡非凡

土家族曾经是一个多部落的统一体，其祖地一般认为是今鄂西的巴东、建始等地区。
据司马迁《史记·五帝本纪》记载，到了汉代，称武陵蛮、娄中蛮、澧水蛮等。
三国、两晋与南北朝时代称武溪蛮、黔阳蛮、建平蛮等。宋代称北江诸蛮，《宋史·蛮夷传》称蛮区人为土民、土蛮、土官等。
明清两代称土夷、土蛮、土家。到了明末清初时期，才出现"土家"与"客家"之汉语称谓。
所谓"土家"，是相对于"客家"而言的，而所谓"客家"，又主要是指汉人而言的。
"土家"意为"本地人"，"客家"则意为"外来人"，只有较多的汉人移居到土家地区以后才出现。
本来，"毕兹卡"是土家族的自称，是古代就有的。
而"本地人"是后来较多的汉人移居到土家族地区以后才出现的汉语称谓。

村寨布局

村落局部

彭

湖北省恩施土家族苗族自治州宣恩县彭家寨的吊脚楼群有上百年历史，集土家吊脚楼形体美、空间美、层次美、
轮廓美于一体，是国家公布的第四批"中国历史文化名村"，也是恩施土家族苗族自治州命名的20个民族民间文
化生态保护区之一。

历史的传奇隐藏着彭家寨的神秘，古朴的吊脚楼群展示着土家人的智慧，悠扬的地方歌谣倾诉着古寨的心声。彭家寨坐落在武陵山余脉北麓，山川秀
美，地形奇特，风光旖旎，绚丽多彩。全寨45户人家，均系土家族。他们最早从湖南迁来，为彭姓土家族聚居地。

彭家寨百年吊脚楼依山傍水，旧称干栏、阁栏、廊栏等，寨内房屋共23栋。每栋自成体系，面积百余到几百平方米不等。一般以一明两暗三开间作正
屋，具有鲜明的土家建筑艺术和民族文化氛围。

彭家寨

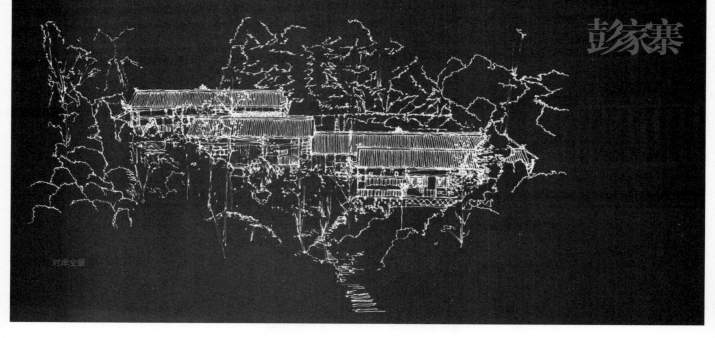

对岸全景

彭家寨的秀美在于它的整体美，山、水、桥、吊脚楼和铺金的田园交织在一起，相映成趣，绘就了一幅自然天成和人的智慧相结合的精美杰作。彭家寨山清水秀，人杰地灵，古色古香，如同一颗璀璨的明珠，闪烁在西南边陲的山水之间。

彭家寨全景 |panoramic view

吊脚楼透视 |local perspective

拍水
彭家寨

天津大学建筑学院 2008艺术设计 胡非凡

铜官镇三面环山，一面临水，与靖港镇隔湘江相望。传说三国时吴蜀分界于此，两国统帅关羽和程普共铸铜棺以誓互不侵犯，铜棺之名由此而来。后来人们讳言"棺"，改为"铜官"。铜官是一个千年古镇，马王堆汉墓中出土的陶器证明，早在2100多年前的西汉，铜官一带就有陶器生产。"铜官窑"又名"长沙窑"，为唐朝有名古窑之一，中国陶瓷釉下彩的发源地，当时铜官窑瓷器出口多个国家和地区，通过水运，从湘江入长江，经扬州、宁波、广州口岸，开辟了一条通往南到北非的"海上丝绸之路"，对世界文化产生了重要影响，是长沙最早对外开放的口岸。

涸旧木屋

街景小巷

铜官镇

铜官镇位于湖南省长沙市沿湘江下游东岸，距离长沙市城区约30公里，水陆交通方便。地理上，铜官镇西隔湘江与靖港镇、新康乡相望，北临东城镇、东临茶亭镇，南与丁字镇接壤，辖境面积29.5平方公里。

铜官镇又称陶都，历来以陶瓷闻名于世，早在1300多年前的隋末唐初，铜官镇便出现了大型的窑场。

从铜官誓港至石渚湖畔，沿湘江东岸十里已形成唐代古窑遗址几十处，现保存完好的古窑主要有长沙铜官窑、范家窑、窑头冲窑、花果窑、外兴窑、贡兴窑、义兴窑、仁兴窑。这里是世界陶瓷釉下多彩发源地，被誉为陶瓷史上的里程碑，千年窑火一直未断。同时，铜官镇作为千年古镇，区域内明清时期建筑有30余栋，保存面积达5000余平方米，保存完好程度达80%。镇内古遗址随处可见，有吴楚桥、泗洲寺、云母寺、守风亭、东山寺、庆云宫等。

铜官也是革命老区，曾为中共湖南省委、湘江特委的驻地，涌现出一大批优秀的革命人物，如郭亮、李灿英、谢介眉、文淑益等。

铜官老街在唐代已基本形成，街上建筑多为砖木结构，街面铺麻石，有各种老字号商铺和手工作坊一百多家，街市繁荣。誓港泗洲寺是世代陶工祭祀陶始祖舜帝的地方，每年六月初六，各窑代表齐来祭拜，并游行、唱戏，热闹非常。杜甫守风亭是铜官镇最有名的建筑，为双层砖木结构亭阁，采用木雕和陶瓷浮雕装饰，有人物山水，龙凤鸟兽，给人以艺术享受。

铜官地下水源丰富，古井较多，四季不盈不竭，大都有几百年的历史，现保存较好的有沙湾古井、六家冲古井、杜家冲古井。这三口古井水质清澈见底，清凉甜美，被群众誉称铜官的"白沙井"。同时，铜官镇还有不少的民间古建筑、民间传说、传奇故事、民风民俗、山歌小调、诗词对联等。

凤凰古城建于清代康熙时期，是中国国家历史文化名城。这里与吉首的德夯苗寨、永顺的猛洞河、贵州的梵净山相毗邻，是怀化、吉首、贵州铜仁三地之间的必经之路。作为一座文化名城，凤凰的风景将自然的、人文的特质有机融合到一处，历史的沉重感也许正是其吸引八方游人的魅力之精髓。这座古城曾被新西兰作家路易·艾黎称作"中国最美丽的小城"，不愧为一颗"湘西明珠"。同时也是名副其实的"小"，小到城内仅有一条像样的东西大街，可它却是一条绿色长廊，让人流连忘返。

凤凰之恋·古城写生调研

凤凰之恋·古城写生调研

凤凰古城的吊脚楼起源于唐宋时期，至元代以后渐成规模。目前凤凰古城的吊脚楼多保留着明清时代的建筑风格，小巧秀丽，宛若少女婷婷立于沱江之畔，是古城具有浓郁苗族建筑特色的古建筑群。坐在沱江的木舟之上，满眼望去高低错落，吊脚楼一栋傍着一栋、一檐挨着一檐，壁连着壁、肩并着肩，高高低低地拥挤在河岸上，在背后南华山的衬托下，层次分明地由西向东绵延，让人感觉到历史的厚重感。

凤凰古城河岸吊脚楼

鳳凰
之恋·古城写生调研

吊脚楼在岁月的风雨中走了近千年，它在凤凰人心目中的分量是很重的。伴随着时代的脚步，旅游事业在凤凰古城已风云鹊起，这里的人们纷纷将自家的吊脚楼整修装饰，开办了江边旅社、茶楼、酒肆，以合理的价格和热情的服务迎接着四方的游客。

今天的吊脚楼已经是一种文化，代表着一个民族，是一个地域建筑文化的真实写照，具有强烈的表现性。纵观沱江畔凤凰古城鳞次栉比的吊脚楼群，便可解读湘西这个地域传统的民风以及深沉的文化底蕴。

边城屐痕 · 凤凰古城

长河漂泊古朴意　边城还化凤凰魂

湘西地区城镇特色

◆ 湘西人合理地利用一切自然因素(山脉丘陵、河湖溪沼、丛林花木)，他们深刻地理解到保留维护自然地形、地物、地貌，将是利用自然的最好方法，并且尽量把劳动生息，风俗习惯与自然融为一体。湘西村镇注重对自然地形、地貌的利用。曲折的溪流、凸突的岩石、高大的树木，都与村镇建设有机地联系起来。各种不同的建筑物就地取材，砖瓦、木材、石料，从质地到色彩都与环境建立了良好关系。

湘西典型村镇平面图

凤凰古城布局

凤凰城镇图底示意图

◆ 凤凰人营建家园时，巧于因借，不但从功能、经济等因素出发，而且还注入了城镇美学观点。他们总是选择优美的环境作为城镇建设用地，把环境视为一个广阔、开敞的空间，城镇即置于其中。这个空间为凤凰古城的建设提供背景，清澈的河流、连绵起伏的群山、郁郁葱葱的山林、婀娜多姿的峭壁奇峰或为群峦所限定的开阔地，都为他们所用，使其巧妙地与自然环境相结合或为自然所环抱。

凤凰古城民居

◆ 凤凰民居在建筑形态上顺应环境的特征，不论体量、材料，还是造型、色彩方面都与环境十分协调。在整体与局部关系上，注重借势手法。依山而建的建筑群体，不仅消除单体建筑体量小的感觉，而且通过房屋的错落和虚实变化强调其秀美的造型风格。单体建筑汇聚成有序的群体后，借助山势增加了建筑的气势，使得建筑与群山浑然一体。

手绘：吊脚楼立面

湘西地区城镇布局

一、体态自由，秩序明确

湘西地区山峦起伏，河流纵横，地形地势呈现出三维的空间特征，因此房屋多沿等高线排列，依山脉、河流的趋势和指向而建，而不强求坐北朝南，整体布局和单体形态均表现出不规则的自由倾向和多方位的空间特征。

二、顺应自然

利用地形高差组织居住空间。由于地形平面形状常为不规则，为争取居住空间，房屋则随地蜿蜒曲折，寸土必争。这样不仅使内部空间富于变化，也造成住宅的外部形体错落，是形成居住整体空间复杂多变的主要机制。

凤凰古城吊脚楼

瑶族吊脚楼

侗族吊脚楼

土家族吊脚楼

苗族吊脚楼

吊脚楼的形式多种多样，形式大致可以分为以下几种。

◆ 单吊式。这是最普遍的一种，又称为"一头吊"或"钥匙头"。它的特点是，只正屋一边的厢房伸出悬空，下面用木柱支撑。

◆ 双吊式。又称为"双头吊"。它是单吊式的发展，即在正房的两头皆有吊出的厢房。土家人建吊脚楼一般先建正屋，然后根据经济条件和需要再建厢房。双吊式吊脚楼的建造较为普遍。

◆ 四合水式。这种形式的吊脚楼是在双吊式的基础上发展起来的，它的特点是将正屋两头厢房吊脚楼部分的上部连成一体，形成一个四合院。两厢房的楼下即为大门，走进大门后，还必须上几步石阶才能进到正屋。

◆ 二层吊式。这种形式是在单吊和双吊的基础上发展起来的，单吊双吊都适用。即在一般吊脚楼上再加一层。

◆ 平地起吊式。这种形式的吊脚楼也是在单吊的基础上发展起来的。它的特征是建在平坝中，按地形本不需要吊脚，却偏偏将厢房抬起，用木柱支撑。支撑用木柱所落地面和正屋地面平齐，使厢房往往高于正屋。

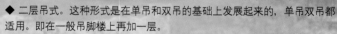

吊脚楼屋顶

立面效果

吊脚楼整体效果

边城屐痕·凤凰古城

长河漂泊古朴意
边城泛化凤凰魂

湘西城镇街道特征

◆ 湘西的街地面多铺以条石或卵石,街道宽度与两边建筑高度之比,一般小于1,尺度亲切宜人。由于街道的形成具有一定随意性,从某种意义上说,街道空间是两边建筑限定的剩余空间。由此,曲折是湘西街道的特征之一,在这里很难找到笔直的街道。由于曲折凹凸的变化,避免使较长的街道一览无余,更增添了街道空间的韵味。

凤凰古城街景

◆ 灰色调的住宅院墙使幽深的窄巷变得更加深远,错落不等的灰色瓦檐装点着住宅墙面的顶部,形成了线与面的有机组合。檐墙与山墙的交替,马头墙的起落,丰富了街巷空间天际线的轮廓。沿主街道敞开的店堂使不算宽阔的街道空间得以扩展到室内,使室内外空间合为整体。

凤凰主要街道示意图

古城街道规划特点

◆ 街巷是凤凰城镇空间的重要组成部分,但它从不单独存在,而是与建筑和四周的环境共存的。它根据人们走向的需要并结合地形特征,构成了主次分明、纵横有序的古城流通空间。

◆ 凤凰的街巷一般较窄小而曲折,在地形陡峭的地段常用踏步连通上下,形成了别具风格的街巷空间。曲折的街巷构成了丰富多彩的底景,使街巷封而不死,透而不旷,把狭长的街巷划分成明显的段落而又能使它们相互连通,组成了多层次的街巷空间景观,致使景色变幻有序,尺度协调宜人。

古城街道商业活动

古城商业业态分析

◆ 凤凰古城商业街多以手工业、食品加工业等小型店铺为主,其中的特色食品、民族手工艺品、苗族银饰等更是吸引了广大旅客。但是古城原有商业街本是为本镇居民服务的,经济地域小,大量外来人员的涌入打破了古镇宁静、安谧的氛围。保护和改进古城风貌时,应注意传统文化与外来文化的融合,防止对古城原有风貌的破坏。

古城民俗文化特色

1、草绳工艺品　2、苗族饰品　3、木锤酥
4、凤凰姜糖　5、苗族蜡染　6、苗族蓝染

优势:优美自然风光 民俗文化 人杰地灵 **S**	**W** 劣势:新旧商业碰撞 外来文化 自然景观保护不利
机会:靠景致吸引游客 充分发挥本土文化 **O**	**T** 威胁:防止旅游业对古城本土文化的不利影响

手绘:古城街道

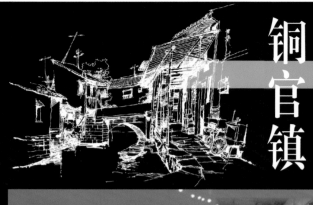

铜官镇

一、区域概况

自唐代起，铜官古镇即以生产陶瓷著名，千年窑火不断，开世界釉下多彩之先河，创新诗词书画于瓷器装饰，并融入外国文化，开辟了"海上陶瓷之路"，产品畅销多个国家和地区，是全国五大陶都之一。2007年，铜官镇被列入湖南省首批历史文化名镇名录。

铜官古镇位于长沙市北郊30公里处的湘江东岸，依山傍水，峰峦起伏，沿湘江绵亘十余里，山水、洲城、田园、公路交织成景，有"山城"之称，地理条件优越。镇域面积近30平方公里。古镇西与湘江相连，东与长湘高速、电厂大道相接，中有铁路专运线与外界相通。镇内主干道、城中路、沿河路等道路交织成网，水、路、铁交通十分便捷。

二、瓷窑简介

铜官古镇瓷窑位于今湖南长沙市丁字镇彩陶源村，亦称"长沙窑"，产品主要是青瓷，生活用品种类很多。釉色有青、黄、白等色。并首创釉下彩器和在瓷器上彩绘的装饰技法，即在青釉下用褐色或绿色斑点组成几何图案，在白釉或青黄釉下用笔绘云彩和几何纹。造型有壶、瓶、杯、盘、碗、灯和生动可爱的鸟、狮、猪、鱼、青蛙等玩具。明代以后，铜官窑所产有大缸、酒瓮和广钵、茶壶等日用陶器。新中国成立初期，以产绿釉、黄釉陶器为主，有水罐、壶等，以印坯和拉坯法成型，印坯模上刻有花纹，成型和印花一次完成。

三、景区简介

古镇瓷窑大致可上溯到初唐，中后期逐渐盛行，晚唐鼎盛，衰落于五代末年。窑址包括铜官镇和石渚湖两个铜官窑，北端依山临江，南端沿江面湖，相距5公里。铜官镇窑区沿江千米，有残存窑场多处，出土以碗最多。石渚湖窑区面积现存20多万平方米。窑址区有采掘陶土的洞坑，其中最大一处长85米，宽35米，深6.5米。有废弃窑包，现存13处。考古工作者在这里发掘取得唐元和三年（808年）纪年铭文和不少釉下彩绘画、题字诗文的瓷器。唐代长沙铜官窑的产品在唐代商业都会扬州和对外贸易港口明州（今浙江宁波）以及江淮流域的唐代遗址和墓葬中已有不少出土，在朝鲜、日本、印尼、伊朗、埃及也都有发现。

手绘作品

彭家寨

来了武陵今世缘，
百年策林觅桃源，
人间幸有彭家寨，
楼阁峥嵘住地仙

一、建筑特征

彭家寨是武陵山区土家族聚落的典型选址，以其完美而集中的吊脚楼群而享誉中外。吊脚楼这一古老的建筑形式旧称"干栏"、"阁栏"、"廊栏"，自古流行于百越族群地域。武陵山区山多田少，民居择地，为了适应山坡地形，吊脚楼形式成为首选。彭氏家族迁徙沙道看中此地，然尽是坡地，建房不得不以吊脚之高低来适应地形之变化。时光推移，经几代人的创造建设，终形成今日集土家族形体美、空间美、层次美、轮廓美于一体的吊脚楼群。

土家族吊脚楼构思巧妙，形式各样。彭家寨现有房屋40余座，在溪河对岸，可望见寨前后耸立着9个以上的龛子，飞檐翘角，还有十多个正屋尽端的山面龛子，"勾心斗角"。从形式上看，各楼有别，互相竞秀，各具特点。

二、带庭院的吊脚楼

从彭氏家族迁入直到现在，彭家寨吊脚楼群一直处于不断建造、修缮中。这里既有正在建的新吊脚楼，也有经历了百年历史的老楼，每一栋都自成体系，木质瓦屋，穿斗式单檐悬山灰屋顶。彭家寨房屋一般由正屋和吊脚楼组成。正屋建于平地，一般为三开间；厢房吊层建在坡上，屋脊与正屋平齐，吊脚的高度随地形而定，同时正屋和厢房"一正一横"和"一正两横"，与院坝相围，形成一个小庭院。

干栏式吊脚楼来自西南少数民族地区，三开间正屋来自黄土高原的窑洞，正屋与横屋围合趋势来自黄土平原的井院式窑洞，是多民族智慧的融合。

三、区域概况

沧海桑田，岁月推移，彭家寨的远古神话为之披上了神秘的面纱，也让今日的古寨更令人心驰神往。彭家寨山川秀美，地形奇特，居于观音山之下。东面以一条叫"叉几沟"为界，沟上架有一座百年历史的凉亭桥。寨前龙潭河穿村而过，河上架有40余米长的铁索桥将寨子与外界相连，寨后山峦起伏，奇峰秀美，修竹婆娑；沿龙潭河而上有狮子岩、水鸿庙相映衬；顺流而下紧邻汪家寨，有"二龙戏球"之美称。

四、调研感想

在寨口长长的吊桥往村落看去，一个坐落于桃花深处与世无争的小村落，建筑形式自成一体。整体彭家寨依山而修，村落布局复杂曲折，每座同一高度的建筑前都有公共兼私人使用的大型平台，各高度间有石阶楼梯连接，房屋边上依山势有污水沟，村落最高处有一片青翠竹林。

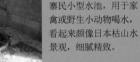

寨民小型水池，用于家禽或野生小动物喝水，看起来颇像日本枯山水景观，细腻精致。

老吊脚楼的的修缮体现了木结构的优势所在，只用新柱子替换老柱子即可。

精致的民族雕刻工艺，丰富了建筑的装饰味道，简洁美观。吊楼随山势而建，并连接有排污水沟。

建筑前建有开敞平台用以晒谷物等，形成了私人与公用兼可的空间形式。

印象·鳳凰古城

周边商铺快速表现

凤凰古城商业业态

一、古城现状调查报告与分析

凤凰古城商业街属于历史地段步行街区与城市文化旅游及商业购物融为一体的成功范例，无论人们如何看待评价此现状，都不能否认凤凰商业街的出现明显提高了经济效益和社会效益，提升并且拓展了城市空间功能。

凤凰古城中商业性质的大小街区属于旅游型的露天商业街，作为城市硬件结构的实体，形成了外界对城市印象的感知媒介。作为一座国家历史文化名城，凤凰的风景将自然的、人文的特质有机融合到一起，其"在沈从文的书里，在黄永玉的画里，在宋祖英的歌里，在罗洗河的棋里，在谭盾的琴里"的宣传语脍炙人口，南长城、沈从文故居、沱江泛舟、奇梁洞、"金粉世家"熊希龄故居、陈宝箴和陈寅恪老宅等是著名的"凤凰十景"。

二、古城商业街区概况

凤凰古城商业老街由老营哨、东正街、北门、建设路组成，拥有店铺近千家，基本以苗族吊脚楼为主，总营业面积1万多平方米，商业覆盖率90%以上，主要以民族服饰、工艺品、银饰、姜糖等旅游产品及餐饮和酒吧为主。

主要街区分析

虹桥文化桥：连接新旧商业街的桥梁，主要以经营饰品为主。

酒吧街：老营哨以经营酒吧特色最为成功，其中掺杂少数客栈、工艺品店及餐饮店，是古城中主要的酒吧街。

民俗工艺品一条街：东正街主要以经营蜡染、特色服饰、苗族银饰、凤凰土特产为主，是主要的旅游商品街。

旅馆街：北门以苗族吊脚楼组成的客栈群为主，兼有部分餐饮小店。

现代商业街：建设路以品牌服饰、餐饮、家电等生活用品为主，是主要服务于凤凰本地居民的商业街。

三、凤凰古城商业街商户进驻意向访谈

凤凰古城商户构成由40%本地人和60%外地人组成，本地人基本上以经营姜糖、扭扭糖、各类酒坊、蜡制品、银饰、餐馆、客栈及土特产为主；外地人大部分经营服饰、手绘衣服、饰品、木梳、藏饰、品牌银器、蜡染、酒吧等。从商品结构分析，除本地商品外，大部分为舶来品。其实游客在古镇游玩时都想带当地的特产回去，并且往往对商品的真伪无法鉴定，购买的心态一是要有特色，二是要便宜，并不太注重商品的质量，因此古城的商业户经营状况都较良好。

四、关于古城商业的想法和分析

一个旅游景区要得到发展，肯定离不开商业的支持。同时，商业的发展对于旅游景区发展有推动作用，两者相辅相成。旅游景区的发展带动了当地商业的发展，如果商业规划合理，就会成为景区密不可分的一部分，为景区旅游提供配套服务。凤凰城商业街主要分布在沱江南面的沱江沿线，包括以东正街为代表的古城老街以及虹桥建设路沿线与新建的凤凰文化广场附近。

凤凰古城商业区内没有统一规划，本地特产如猕猴桃、姜糖、银饰、酿酒、辣味等都零散分布在各个商业街。形成业态分布零散有两个方面的原因，首先，凤凰古城有悠久的历史，一直是湘西北重要的政治、军事、经济、文化中心，商业形成时间比较早，业态呈自然分布态势；第二，凤凰古城是旅游景区，有众多古建筑、古城墙等物质形态的古迹，无法大规模对其进行规划。目前，古城零散业态商业发展较为平稳，甚至在节假日还能迎来"黄金周"。但是如果有统一规划集中的商业区域形成，对于整个古城商业的发展无疑是锦上添花。

一、动态视线

一个人行进在路上，会感受到所有的画面都是动态的，眼睛变成一个随意调焦的广角镜，向四面八方搜索，画面中建筑和景物的位置、大小、透视等等都处在不断变化中，动态视线是村落景观的最大特点。

动态视线

前言

调研的结果最多的是震撼与感动。实际上，传统民居这种原生态的沉淀似乎是不应该用某些逻辑理论类似的方式去分析它，让它变得像是理性而为之的样子。真正触动人心的就是它那些在无意识下形成的"没有建筑师的建筑"，而所有这些震撼与感动也非能从文字上完全体会。只有当你真正走进那些美丽的村落，走过那些狭长的小巷，穿过那些幽暗的房檐，远眺那连绵的青山与宽广的水面及那之间优雅散落的瓦顶，你才能真正理解景观的体验性（很多情况）远大于它的表面观赏性，它是活生生地在那里。你深入进去看，去听，去感受，就能发掘那些意想不到的美与惊喜。

湖北（武汉、恩师）湖南（凤凰、长沙）调研分析

从你远观聚落到走进它的内部，必然要经历一个由远而近的过程。起初看到的村落远景是一片朦胧的轮廓和屋顶，沿着道路继续前进，层次便逐渐清晰起来，一条长长的路像红毯般欢迎的姿态在面前铺开，引导着视线望向村落的入口。随着距离的缩短，建筑物在画面中所占的比重逐渐增大，直至充满整个视野，直至你能清晰看到屋顶的细部。这个变化的过程十分缓慢，你会时不时将视线向左右偏转，你画面的构图就会发生变化，当你将注意力偏向周边景象时，就形成完全不一样的图景。如果这一过程伴随着高程的变化加入仰视与俯视的因素，那么画面的效果将会更加丰富。这时你猛地一回头，刚才走过的路程就会以相反的视角构成画面；当你离开时顺着原路返回，由开场到封闭的序列就会逆转过来。你会感到十分神奇与惊喜。

当你穿行于弯曲的街道时，两侧的建筑经常处于相对位移中，街巷弯转得让人永远不知道下面的景象会是怎样，各种透视角度不断变换，让人来不及反应。再转一个弯眼前也许豁然开朗，也许看到一条静静的流水，远景不断转化成近景，总是充满惊喜。若是穿过门洞，那么将更富有层次变化，门洞先是起框景作用，景框逐渐在视野中撑开、消失，你就像进入到画面一般。整个过程视线由放到收再到放，光线也由亮到暗再到亮。桥洞带来的动态视觉感受更是奇妙。

当然，你若想驻足欣赏的话，几乎在任意一个时刻，任意一个角度停下，眼前都是一幅搭配完美的图景。你会惊喜地发现刚刚经历的那些景象已呈现另一个姿态出现在此时的画面中。在动态与静态间转换，将那些流动的瞬间用眼睛记录在心底。

二、视觉对比

视觉感受的强烈对比也在这次体验中给我留下深刻的印象，视野的开与合、空间的动与静、光的亮与黑等等都在意想不到的转换与对比中形成视觉冲击，让整个行进过程充满趣味与惊喜。

可能是街巷形成的偶然性，让民居的街巷总给人七零八落和不完整的感觉，房屋排列没有什么寻章就法的目的性。街道通常都在两侧建筑的夹峙下显得异常封闭，抬头仰望几乎只剩下一线天。所以，你时时刻刻都感觉光在黑与白中跳跃，光的线性导入给这相对封闭的空间带来无限遐想。

一些街道两侧均为二层建筑，出挑的二层使得空间下部较宽而上部较窄，这不仅增强了空间的封闭性，更给这公共空间带来一种私密感。人行走其间，少了视野收束带来的封闭感，却多了一份亲切与安全感。

视觉对比

湖北（武汉、恩师）湖南（凤凰、长沙）调研分析

出乎意料的大缺口会让人豁然开朗，刚才极度收束的视野仿佛找到了开口，尽情感受空间的无限广阔，而人的精神后于视觉将这份惊喜细细回味。

缺口处可能是小广场，它自身并不十分开阔，但与周围那些狭长的带状空间形成鲜明的对比，给汇至于此的人带来开敞与舒展的视觉感受。环顾四周，所有的小巷都指向你，那种放射感给广场增添了不一样的趣味。

缺口也可能是池塘，它比广场更有趣味。人们漫步于岸边微微弯曲的石板路上，眺望倒映于水中的远山近景，自然多了一番盎然的诗意。刚刚从嘈杂的窄巷中穿行出来的人们在这水塘与倒影间顿感宁静与舒畅，体验的不光是视觉，更是一种心境。

缺口也可能给你恍然大悟般的惊喜，泄露了一墙之隔外的广阔视野。

然而人获得豁然开朗最好的机会是在过桥的时候，河道的方向与人在桥上行进的方向相垂直，人的视觉方向发生转换，视线会顺着河道的方向随带状河道消失在天际而无限延伸，在转头的瞬间感到无比兴奋……

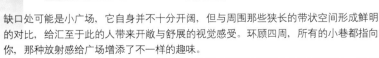

三、层次

在村落中穿行，经常会有置身中国古典园林内的感觉。表面看，它们是完全不同的景象，然而却在无意中传递着相同的视觉感情，丰富的层次感就是其中一项，这种层侧感贯穿行进始终……从远处看聚落的整体，往往只剩下一个外轮廓和屋顶的剪影。借助于山势，房屋的排列便获得丰富的变化，它的朝向、疏密都与山的走势很好地配合在一起，这种没有经过刻意安排的景象反而极富美感。

层次

曲线

起伏的山峦形成一种屏障，在远处成为村落的背景，而近处几个房屋的屋顶挤进画面中，与近处的树木花草构成近景，从而在整体环境的景观上获得良好的效果。不仅在整体上，每个在眼中形成的图像都因为配景的遮挡与衬托而显出层次的美感，比如水陆交界处的植物配景形成一道虚拟的界面，使二者完美地衔接，比如转角处的乔木，遮挡了远处建筑的下部，只露出顶部，使人对远处的景色充满退想……人的眼睛也在多重层次中不断调整焦距，形成变幻莫测的景象。有时，建筑甚至会成为配景，反衬山与植物，创造深邃而富有诗情画意的意境美。

而正如园林景色的创造，最意想不到的层次美往往在含与露中给人惊喜。与园林不同，由于聚落的形成完全没有人工的刻意行为，所以对景与借景通常很难发生，而框景却呈现出各种形式。

比如牌楼，狭长而单调的街道很难形成层次变化，而牌楼的设立会在人的视野中主观地将空间分隔开，人们透过牌楼形成的景框，如同看到一幅图画。随着人的行进，框与画都会发生变化，人感觉逐渐走进图像中，景框也逐渐消失，整个过程充满趣味。与牌楼有同样作用的还有一些小门楼，它更能突出退后的图景以及人的视野由收到放的变化。

比如桥洞，它的奇妙之处在于，桥洞的方向往往与人行进的方向相垂直，且人的视点位于框的一侧，这使得框中之景的透视角度会随着人视线的移动不断变化。又比如街一侧的门洞，甚至是建筑间狭窄的缝隙，若门洞里边是一条小巷，这种遮挡则使框中之景颇显得幽暗深远，充满神秘感。若门洞外是水流或广阔的自然天地，那这之中的兴奋感就不用说了，自然是顿觉明朗。特别是从内向外看时，逆光的景框成为黑白的剪影，而其中的图景却色彩明快，显得格外集中、深远。从门洞走出，人能感受到强烈的内外差异。

四、曲线

弧与曲将村落神秘而柔美的一面展现在人们面前。受地形与人行为习惯的影响，村中的街道通常呈弯曲或折线的形式，因而形成了奇特的景观特点。我们知道，直线形式的街道空间只有一个消失点，按透视原理，近处的建筑大，远处的建筑小，街道的立面得不到充分的展现。曲或折线形式的街道空间，其两个侧界面在画面中所占地位则有很大差别：其中一个侧界面急剧消失，而另一个侧界面则得以充分展示。如果说直线形式的街道空间大体上保持着对称的画面构图，那么弯曲形式的街道空间所呈现的则是不对称的画面构图。

街道的弯曲与曲折使一边的线形道路在y轴上发生了变化，依此可知，当道路在z轴也发生变化时，所看到的景象将呈现更丰富的透视效果。人将获得轻微的仰视与俯视视角，街道立面的轮廓线也会更加曲折多变。

湖北（武汉、恩师）湖南凤凰、长沙，调研分析

此外，直线街道的特点是一览无余，而弯曲或折线街道的空间随视点的移动而逐渐展现于人的眼帘，两相比较，前者较直露，没什么悬念，而后者则较含蓄，给人想要探寻的冲动。在这种情况下，人会较关注于展现于眼前的街景立面，山墙、马头墙、房屋的肌理以及实与空的对比，形成富于节奏韵律的组合，人会体验到更多的视觉享受。

如果将急剧消失的那侧界面去掉，另一侧将顺着弧度形成半围合的曲面，其立面将逐渐展现在人面前。当前方是一片水面时，可想而知景会多么美。弧线将街道柔美的一面表现出来，水的轻柔更将这种感觉加以强调。街道和远山的翠绿倒映在水中，形成一幅构图完美的画景。街道在远处再次弯转，朦胧地消失在天际，创造了美妙的诗情画意……

弧与曲将村落神秘而柔美的一面展现在人们面前。

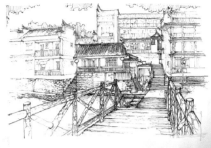

五、纵向

起伏的地形使村落的的形态更加丰富与多变，高度上的变化让人在观看时获得了新的视角与新的视觉惊喜。

当人沿着山道向上攀登时，所看到两侧的建筑均为仰视的角度，有种器宇轩昂之感。而这时回过头去俯瞰身后的景物，由于居高临下，又使得视野十分开阔。山道的坡度时大时小，无论是看上去还是行走于其上，都能获得某种韵律节奏感。更重要的是，这种高程的变化还伴有平面的改变，让人的视线在三维的各个方向发生变化，扩大了人的视野范围，又可使观景的角度获得多种多样的变化，另外，俯视能让人看到立面的丰富组合，而仰视能看到平视看不到的建筑外轮廓线。在光线强烈时，建筑会变成一个黑影，给人版画般的感觉，展现美妙的身姿。

纵向

这次调研是我第一次走进很原始的中国传统村落，感受原始的文化，原使的风景，原使的人文气息，它仿佛让我看到了一片新的天地，所有的震撼与感动我都那么想要与每一个还未曾看到它的人分享。这是一个蕴藏着文化与艺术的广阔天地，我们要学习和思考的还有很多很多……

湖北（武汉·恩师）湖南（凤凰·长沙）调研分析

高程的变化不仅发生在山地村落，也体现在临水的聚落中。由河岸到街道往往要先上一段台阶，这就意味着临岸部分的景观是以仰视角度引入人们眼帘的。然而台阶的方向与台阶所临街道的方向都是任意的，可能是平行、斜插、垂直、正对多种组合方式，从而形成的视觉感受也各不相同。

纵向的变化还反映在街道的立面轮廓上。南方传统的民居建筑通常都设有马头墙，加之其开间、面阔、高度、形式、虚实等的不同变化，使沿街的整体立面呈现丰富的变化，特别是马头墙的多样组合，使建筑的外轮廓线富有节奏与韵律。

对比与思考

六、对比与思考

调研的第一站与最后一站分别选择了湖北与湖南的中心城市武汉与长沙，让人强烈感受到城市与传统村落的对比。抛开建筑形式的不同，村落空间的丰富变化与城市空间形式的贫乏让人看到了城市空间建设的缺陷。

笔直的街道虽然有利通行，但其景观变化却相当单调。道路一律十字相交，所有景象一览无余，没有半点视觉的惊喜与趣味感。主要道路的起始处虽然有雕塑及城楼等，它们颇有些气势，但大都千篇一律，相差无几，难以给人留下什么个性鲜明的印象。结果人们往往只记住了城门等标志性构筑物，而非街道本身。在这种情况下，建筑师便不遗余力地改变各个单体建筑的立面形式，但收效甚微。人们置身于这样的街道中往往会有一种茫然的失落感，不能确定自己所在之处的坐标。因此规划师们总是试图加建一些标志性建筑或景观，但这显然与我们的传统文化相背离。反观传统村落的形成，并没有多少标志性的东西，而人却并不感到单调，原因就是其空间的变化起了很大的作用。空间的变化给人的感官和心理留下的印象远远比立面变化来的深刻。

当然，城市有城市的功能要求，它鲜明的可识别性与变通性等等都对城市的规划与景观配置提出了苛刻的限制条件，这些批判性的语言也并不是让规划师们完全按传统村落的方式去规划城市的道路与景观，这是一个理性而严谨的过程。那么，我们去感受并学习传统村落的意义究竟是什么呢？除了感受这之中丰富的空间变化，对我们今后城市的建设又有什么指导意义呢？

这是值得一直思考的内容。中国现在城市的规划发展似乎越来越丧失了传统文化，置身于中国城市的道路上，很难让人察觉这就是中国。而那些传统聚落完全是在中国本土的文化习俗影响下形成的，可以说完全保留了中国传统的元素，没有受到外来的影响，对它的研究要深入到根本，把这种本质的规划思想融入到现代城市的建设中，让人虽在现代化的都市中，依旧能感受到中国传统的韵味，而不仅仅是表面上的、不伦不类的复制过程。

湖北（武汉·恩师）湖南（凤凰·长沙）调研分析

凤凰记忆

——湘西凤凰古城写生调研

沱江水边的明珠

湘西一隅的墨色

到了冬天，那个坍塌了的白塔，又重新修好了。可是那个在月下唱歌，使翠翠在梦里为歌声把灵魂轻轻浮起来的年轻人，还不曾回到茶峒来。这个人也许永远不回来了，也许"明天"回来。

——沈从文 《边城》 结尾

壹 初识凤凰

凤凰古城的小巷非常有特点，地面全部由青石板铺成，古朴自然，曲折蜿蜒。主要的道路是沱江边沿岸的两条主路，其余小巷皆与之相接，联系着人们的生活起居。其中一条主路沿江的同时紧靠古城墙，路边是各种特色餐馆或饰品店，热闹非凡。古老城墙下是婀娜的垂柳、静谧的沱江、乌篷的小船、闲散的游人……

对岸是独特的吊脚楼，斗拱飞檐的精美建筑鳞次栉比，像画儿一样，连绵起伏的群山作为背景和依托若隐若现。所有的建筑风格都十分统一，高高的马头墙，轻盈优美的挑檐，青砖绿瓦、红门白墙，步行其间倍感轻松愉悦，恍如回到过去，心中荡起层层涟漪。街角巷尾都是身着当地服饰的男男女女，让人忘怀所以，寻梦幽径……

"我在古城的暮色里入画，古典的吊脚楼在画里站着，清清的沱江水在画里荡着，青石板老街在画里躺着，异域的风情在画里飘着……我从画上采下丰硕的意蕴，藏进细胞深处。"

凤凰记忆
——湘西凤凰古城写生调研

贰 小径幽巷

天青色等烟雨，而我在等你，
炊煙渺渺升起，隔间千里之外

当天色渐渐暗了下来，夜色之下的凤凰古城更有一番风韵，从东门沱江夜游，上得游船，沱江景色也变得朦胧，远处的山峦、高耸的尖塔和破旧的水车慢慢定格为层次不清的深色剪影。慢慢的，两岸的吊脚楼上亮起点点灯火，带着些许的温情映照着夜晚的江水，而跨江的虹桥上更是灯火通明，把桥梁和桥上的楼阁装扮得分外通透。灯影入水，映画出几个完美的圆形桥洞来。夜风袭人，突然之间下起大雨，雨水溅起的水花在灯光的照耀下分外抒情。远处杨柳岸边的小船上隐约飘来苗家少女阵阵歌乐声，悠扬动听，伴随着木桨划动的潺潺水声，和着雨声、风声，在夜色中营造出一片迷茫的境界……
古城内的民居建筑风格主要有两种：一是沿河岸采用了苗族、土家族的干栏式吊脚楼结构形式，二是沿街铺面及各街巷房屋主体以典型的汉族穿斗式和部分抬梁式木结构为主，山墙多采用具有徽派特征的马头墙风格。

叁 湘韵建筑

吊脚楼
凤凰古城东南的回龙阁一带，前临古官道，后悬于沱江。属清朝和民国初期的建筑。吊脚楼均分上下两层，皆属五柱六挂或五柱八挂的穿斗式木结构，上层宽大，工艺复杂，做工精细。下层随地而建，很不规则。屋顶歇山起翘，有雕花栏杆及门窗。通风防潮，避暑御寒，具有很高的实用价值和观赏价值。

屋顶及脊饰
凤凰古城临沱江虹桥一侧吊脚楼屋顶形式以悬山为主，而文星街、东正街、中营街、十字街等民宅则以硬山封火墙形式居多。凤凰古城建筑除了北门、东门城楼、大成殿等有正脊、垂脊和戗脊外，其他大多数民居只有正脊和垂脊之分。凤凰民居的垂脊脊饰一般以卷草或凤凰等造型来装饰，脊饰收尾均有较明显的起翘特征，赋予了山墙脊线以浪漫神秘的色彩。凤凰古城民居屋脊一般由正脊和垂脊组成，其中最出彩的是其封火墙上的垂脊装饰。由于凤凰古城位于沱江之畔，四面环山，在山墙上起翘的脊饰与当地自然环境十分融合协调，增添了古城优美连绵的天际线景观。凤凰民居山墙一般高出屋面，顶端用砖做成人字形披檐，再砌直线条砖，呈锯齿状，其上施以黑色黛瓦。

封火墙形式
凤凰的封火墙有以下几种形式：马鞍墙、马头墙（立面为两级三山，如熊希龄故居、沈从文故居）、牌坊墙（立面为三级五山如万寿宫、城隍庙）、拉弓墙（如朝阳宫、田家祠堂）和人字形（如天王庙）。

脊吻特点
湘西民居建筑形制源于徽派建筑，但又融汇了楚巫浪漫飘逸的特点，主要体现在其垂脊脊吻多为卷草纹和凤凰脊状上。就是以叠瓦顺墙头垒砌做脊，一般在收头处起翘，做成泥塑的卷草或凤凰状。这是凤凰古城民居建筑群落所集中反映出来的一大特色。

大水井古建筑群始建于明末清初，其建筑规模宏大，整个建筑群雕梁画柱，
工艺精巧，玲珑剔透，令人叹为观止。

大水井

融合

大水井古建筑群位于湖北省利川市柏杨镇水井村，东望荆楚，西连巴蜀，北接长江三峡奉节，南邻
湖南张家界。建筑群由李亮清庄园、李盖五庄园和李氏宗祠三部分组成，建筑面积约1.2万平方米。
李亮清庄园建筑有24个天井，集西方建筑与土家建筑特色为一体；李氏宗祠内大殿高耸，气势非
凡。建筑四周群山环抱，崇山峻岭横亘千里，幽谷跨水越涧，景色十分秀美。
风水是古代人们对居住环境进行选择和处理的一种学问，民居布局更讲究风水，无论是选地、朝
向、门窗开启方位都有一定的讲究。大水井建筑群就是一个典型的例子，它将风水贯穿了整个建筑
的始终。古老的风水理论在结合环境、地形的方面有其科学的价值。风水学的起源本身就是对大自
然的地形、地貌崇拜的结果。后来这种原始的崇拜心理与民间审美融合起来，对建筑布局产生了意
想不到的效果，很多风水理论都考虑了结合自然的各个因素。因此，大水井李亮清庄园整体建筑朝
向南面，而其入口大门却朝向东北方。这些手法都遵从了风水理论。但用现代的景观学等去对其进
行考究，同样具有科学性。
风水用两个字来概括就是山、水，都是效仿优美的自然，利用自然的
优美服务于建筑，依山傍水，主体朝向视野开阔的方向，有远山的衬
托与呼应。大水井从庄园中轴线从前至后、由低就高排列着三大殿，
为建筑主体，两侧屋宇相连，天井密布，一室一景，阁楼呼应，气象
万千。最具特色的"走马转角楼"、"一柱六梁"、"一柱九梁"的
建筑格局，备受建筑行业的推崇，其装饰艺术也令人目不暇接。精雕
细刻的柱础、玲珑剔透的窗棂、造型奇异的廊柱、曲径通幽的走廊、
精致豪华的陈设，使整个庄园富丽堂皇而不俗气。

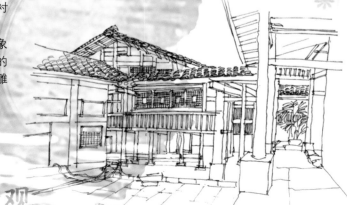

民居人文景观与自然景观

李氏庄园造型奇异的廊柱，曲径通幽的走廊，精致豪华的陈设，使整个庄园富丽堂皇而不俗气。院内的窗棂有雕花和石刻景观，栩栩如生，巧夺天工。天井中的防火池或方或圆、或刻或雕，皆为一体。更奇的是占地4000多平方米，共24个天井、174间房屋竟然没用一颗铁钉，全部采用木骨架。无论是回廊、彩檐，还是吊脚楼，皆按"风水"、"八卦"及地理条件，环环相扣，互相依托，互为衬顶，布局随心所欲，恰到好处，而又不乏严谨。下雨天，到庄园每个房间都不会湿脚。

李氏庄园从明末清初到民国年间，由东而西多次兴建，集不同历史时期的建筑风格特点。那一个个窗饰，一处处石刻，仿佛是凝固的音符，组成一部无声而恢弘的土家民居建筑交响乐，穿越历史和时空，在耳边久久回荡。

从李氏庄园右侧的边门而出，走100多米的田埂路，就来到李氏宗祠。宗祠在风雪中傲然矗立，雄踞险关，那巍峨城墙与周围的地理环境衬映出一股威严和霸气，令人敬畏而却步。祠堂正面东侧有口小井，周围砌起了高高的围墙，围墙正面刻有"大水井"三字，这也正是大水井名字的来历。

李氏宗祠修建于清道光二十六年（1846年），建筑风格与南方汉族的祖祠几乎没有差别。宗祠占地6000平方米，建筑面积3800平方米，房屋60余间。宗祠墙壁总长约400米，高8米，厚3米，墙梯依山势逐级升高，角梯皆为整块巨石建成，布设枪炮孔108个，严密地封锁着所有的通道，可谓壁垒森严，固若金汤。步入这座集政权、军权、族权于一体的城堡，每个人的脸上不由得多了一层肃穆庄重的神情。

民居人文景观与自然景观

梦回凤凰——街景篇

凤凰古城分新旧两个城区，城中土家族、苗族、汉族杂居。老城区傍沱江而建，沿江的吊脚楼就如美人醉酒一样憨态可掬。城内大街小巷中辣子与熏肉的香味四季飘香，多情湘女，婆娑而过。有月光的晚上，苗民男女的对歌声可惊醒每一扇临水的窗户。条石铺砌的街巷，依江而建的木制吊脚楼，完好地保留着苗族、土家族的建筑风格。清浅的沱江穿老城而过，红色砂岩砌成的城墙伫立在岸边，南华山衬着古老的城楼。城楼还是清朝年间的，锈迹斑斑的铁门，还看得出来当年威武的模样。北城门下宽宽的河面上横着一条窄窄的木桥，以石为墩，两人对面走过都要侧身而过，这里曾是当年出城的唯一通道。

梦回凤凰——沱江篇

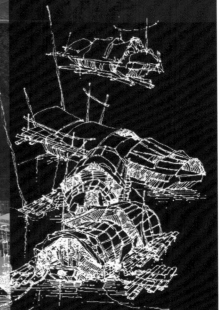

气候特征

凤凰古城属中亚热带季风湿润性气候，有西北高、东南低的地势差异，全县处于湘西低热区，年平均气温为15.9℃，日照差年平均8.3℃。气候宜人。古城所在地形复杂，东部及东南角的河谷丘陵地带为第一级台阶，以低山、高丘为主，兼有岗地及部分河谷平地，地表切割破碎，谷狭坡陡；从东北到西南的中间地带为第二级台阶，海拔500～800米，以中低山和中低山原为主，地势较平缓开阔，谷少坡缓，垄田较多，石灰岩广布，天坑溶洞甚多，气候适中；西北部中山地带为第三级台阶，海拔在800米以上，地表起伏和缓，坡度在5°～20°。边缘地带峰峦连绵，谷深坡陡，为中山类型，气候较寒冷。

武陵山脉层峦叠嶂、沟壑纵横、崇山峻岭、绵延起伏，这是大自然给土家族人民的厚赐。如果将武陵山脉比喻成一串项链的话，那么，项链上光彩夺目的明珠首先要算宣恩县沙道沟镇的民间文化生态保护区——彭家寨，全寨45户250余人均系土家族。

吊脚楼

土家族吊脚楼形态十分优美，飞檐翘角的歇山式屋顶，角部做出多层的弯曲形封檐板，翘角上装饰着飞鸟，有的讲究的檐下额枋向上弯曲做成拱券形，而挑枋则做成向上弯曲的形式，栏杆做成各种式样的花格，有时还涂上各种颜色的油漆，美轮美奂。

特征

和苗寨及侗族民居沿等高线成群成组布局所不同的是，土家族彭家寨基本上则是各家各栋独立地选择住宅基地和朝向，相互之间在高度和平面上完全没有关系。这也正是由地理条件所决定的。同时，彭家寨也十分注重保护自己的居住环境，种植了非常多花卉树木。可以看到，彭家寨就是隐藏于树林之中，人与自然完美的融合。

结构形式

土家族民居的结构是南方地区穿斗式结构中比较特殊的一种，被称为"满瓜满枋"。本来一般的穿斗式架构的每一根瓜柱上并不一定都要延伸到底，同样也不需要每一根枋都贯通两端。而土家族所谓的满瓜满枋则每一根瓜柱都延伸到最底下的一根枋上，每一根枋都通贯两端。一般看来这是最规矩的，甚至有点死板的结构方式，完全没有一点灵活性。但是必须承认，土家族民居的这种构架是穿斗式构架中最严谨的，整体性也是最强的。

结构方式

按照建筑物本身的进深大小，瓜柱和穿枋呈现出明显的组合规则，常见的有三柱四瓜、三柱六瓜、五柱四瓜、五柱八瓜等。尤为特殊的是构架最下面的两根枋，即檐口的挑枋，端头大并且往上翘，出挑深远，这种做法是中国传统木结构中独有的，不仅檐口下面的挑枋如此，吊脚楼下面的挑枋也是这样做的。

基本形式

土家族民居主体由住屋和吊脚楼组成，再配以少量的附属建筑，其固定形式是面阔三间，进深两间，单檐悬山屋顶，上盖小青瓦。一般情况是单侧设置吊脚楼，与主屋呈垂直排列，平面呈L字布局。有少数是两侧布置吊脚楼，呈U形平面，在主屋和吊脚楼稍微分开的地方设置有厕所及猪、牛、羊等家畜用的小棚屋。也有少数居民是没有吊脚楼的，这种情况一般是因为受地形条件的限制，或者是受家庭条件的限制所造成的。

三柱四瓜　　三柱六瓜　　五柱四瓜　　五柱八瓜

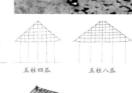

武陵缘

彭家寨

土家族

彭家寨吊脚楼

彭家寨简介

武陵缘

彭家寨布局特征

结构形式

民居基本形式

城市性格

赛博数码广场　　　百脑汇　　　天昌数码流行馆
天津中医药大学
颐高数码广场　　时代数码广场　　天津大学

西营门外大街小区周边
绿化重新改造，环境宜人

南开区广开四马路
底商牌匾整齐划一
凸现大气洋气

青年路道路整洁，路
边花坛山石树桩盆景
与红花绿草交相辉映，
重新焕发了青春

西市大街新铺筑
路面宽广平坦，
隔离护栏粉刷
一新

整治一新的白堤路沿线

辐射范围

一、区位概况

鞍山西道是天津市南开区鞍山道向西延伸的一条道路，始建于1988年，是天津新技术产业区的起步区，由2.6公里长的鞍山西道和2.9公里长的白堤路相交而成。因周边有天津大学、南开大学等多所大学和科研机构分布，又被称为鞍山西道科贸街，以数码产品、3C电器产品、电子中间产品、信息、通信等产业为主导。从2002年开始，经过6年的不断发展，科贸街拥有赛博、百脑汇、颐高三大品牌市场，总建筑面积达403万平方米，7个专业科技卖场（创元、百豪、名利达、中环、电子配套、天昌、淘宝）面积2.05万平方米，配套高低档写字楼，创业孵化器近60万平方米，进驻企业5000余家，年营业额超过150亿元。

围绕鞍山西道科技核心区升级打造的白堤路、广开四马路、西市大街、青年路、西营门外大街5条道路连接线改造工程全面完成，强调道路与区域经营业态相结合，大幅延伸了鞍山西道科贸金街的辐射范围。

鞍山西道科贸街调研报告

二、相似案例

在全国，鞍山西道科贸街的规模仅次于北京中关村。随着科贸街进入全面升级阶段，其发展模式也愈发清晰。

>地理环境异曲同工

在北京中关村所处的十字路口，聚集了包括海龙、太平洋、顶好、硅谷大厦等多家IT贸易商场，同时写字楼也都在它们周围聚集，形成了辐射整个中关村的影响力。而目前，天津科贸街鞍山西道和白堤路交口、百脑汇、颐高两家卖场的建成，其地理环境和中关村一样显现出异曲同工之处。

三、改造方案

从街拍图片连接上看，可以明显地看出科贸街目前存在两个比较突出的问题。

（一）立面色彩问题

作为一个高科技产业园区和IT商业发展圈，鞍山西道上的很多建筑明显老旧、过时。而且，大部分居民楼颜色为砖红色，与科技、现代气息不符。

（二）立面建筑样式

鞍山西道建街较早，所以道路两侧均有年代稍早的建筑，建筑形式上为砖混结构，中规中矩。现有的建筑样式已经不满足鞍山西道作为科贸街的发展要求，必须在立面形式上采用一些现代感强的材料进行改造装饰。

城市性格

08级艺术设计
杨云婧
3008206137

>背景相仿，人文气息浓厚

名称	周边学府	重点交通路段	发展依托产业	人群结构
中关村	清华、北大	十字路（海龙、太平洋、顶好、硅谷大厦）	清华紫光、方正集团	结构层次较好，各年龄层
科贸街	天大、南大	十字路（百脑汇、颐高）	天大天财	集中在20～35岁

鞍山西道科贸街紧邻著名高等学府，前期发展依托高校的校办企业，人文气息、科研气息浓厚。科贸街的发展历史与中关村相似，只是由于时间等各方面的问题，科贸街的发展规模还远远比不上中关村。但是近几年，三大卖场建立，IT商圈格局改变，大量知名商家的进驻，也使科贸街有了较快的发展。

NO. 1

一、基本概况

鼓楼商业街全部为仿清建筑，占地约20万平方米，总投资12亿元。以新鼓楼为中心的鼓楼广场，长宽各81米，作敞开式设计，周围分南街（天津风情街）、北街（古董珠宝街）、东街（精品购物街）等几个部分，街内还建有天津传统民俗博物馆，与周围的广东会馆、上仓门口教堂以及临近的食品街、古文化街、估衣街等老天津景观串成全新的旅游观光路线。该项目一经推出，备受瞩目，曾经被列为"2001年天津市政府二十件实事之一"、"2001年天津市重点建设五大旅游基地之一"，被评为"津门世纪景"之一。

鼓楼刚刚开业时，人潮涌动，来旅游购物的人很多，鼓楼以它独特的旅游概念以及各具特色的商铺、客栈吸引着四面八方的游客。

二、地理优势

鼓楼商业街坐落于具有600年历史的老城厢，地理位置优越，其东接古文化街、新安购物广场；北临大胡同商业中心；南望食品街、旅馆街、服装街，西接东方商厦、天津商厦，毗邻西站。全国现存最完整的古典戏楼广东会馆，全国仅存的县庙、府庙并建一处的学府文庙，华北地区第一所华人教堂——仓门口教堂等珍贵的历史文化资源环绕于鼓楼商业街的周围。

三、现状分析

由图片看出，鼓楼商业街的大部分店铺现在已经倒闭，或者不开门营业了。有街无市，缺少人气。中国目前步行街有一半是旺丁不旺财的，有的甚至只是在开街的时候热闹了一阵子就冷落下来了，步行街逐渐演化为"不行街"。 鼓楼商业街缺乏旗帜鲜明的文化是它衰败的一个重要原因。虽然它地理位置优越，但是它每条街都随着附近商业的走向作为主打，这就造成了它如今两不挨边的局面。每一条街都是周围商业业态的附属品，没有自己主打的品牌项目，没有旗帜鲜明的主题。

四、建筑风格

就鼓楼商业街来说，其坐落在拥有600年历史的天津老城厢，那里是天津文化的发祥地，有32处国家、市、区级文物，同这些具有历史和文化价值的房屋相比，新建成的明清风格的建筑就像假古董一样，只能是后工业化社会的文化垃圾，也就不具备吸引人的魅力。而且有的地方更是不中不洋，令人身在其中全然感觉不到明清文化的风韵，一点文化特色都没有。

总之，没有特色就没有生命力，一是无法满足来到 这里的观光客的需要，另外是无法形成与其他商业街不同的特色。

中式建筑

西式桌椅

兴   衰

五、资源浪费

想象一下这些资源。全国现存最完整的古典戏楼广东会馆，全国仅存的县庙、府庙并建一处的学府文庙，华北地区第一所华人教堂仓门口教堂，据了解，在鼓楼附近，具有历史风貌和特色的建筑景点多达32处，有这么多的优良资源，现在却没有被完全利用好。

不能不说，鼓楼浪费了它自身具有的深厚文化底蕴内涵的资源，走在其中完全感受不到浓郁的文化气息。

例如，刚开街时，格格府前门庭若市，现在鲜有人问津。格格府门前的雕塑也早已干涸破败。

类似于格格府，广东会馆，老城博物馆这样的地方，与鼓楼商业街是一种相辅相成的存在，若它们形成了有代表性的文化气候，那么随之而来的旅游人群肯定会增多，而鼓楼商业街的游览人群也势必会随之增长。

若鼓楼商业街形成了代表性的商业圈，随之也会带动此类旅游景点的发展。而现在的情况就是两边分别没有得到发展，几乎荒废。

格格府门前破旧桌椅随意摆放

广东会馆大铁门紧闭
门前摆摊占地

商户经营情况惨淡
大门紧闭

08级艺术设计
杨云婧

货物随意堆放
影响人流穿行

从全国各地其他优秀商业街中，能吸取到哪些经验？而这些经验又如何运用到鼓楼商业街的发展中呢？

以北京的南锣鼓巷和烟袋斜街以及上海的田子坊为例。

上海的田子坊以其得天独厚的旅游资源，带动着每一家商户的发展。田子坊的店铺装修充斥着上海情调，又结合了许多国家不同的风格。同时，这里的许多店铺也都是自主原创品牌，加之田子坊还有几十家的各国风味主题餐厅，装修个性化，用餐区也很有情调，味道也极受国内外客人的欢迎。

南锣鼓巷和烟袋斜街的店铺均有其独特的特色，无论是在店面装修还是店外的装饰方面都别具一格。虽然建筑风格不甚统一，但是却不失韵味。

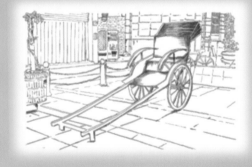

南锣鼓巷和烟袋斜街的店铺

鞍山西道城市设计及街道改造 1

鞍山西道概况

鞍山西道位于天津市南开区中部科贸街，以IT特色产品链为主线，以生物医药、节能环保、农业科技、创意设计、咨询服务等朝阳产业孵化成长为辅，不断拓展丰富科贸街商圈业态。科贸街未来规划确定了创意区、综合服务区、中心区、教育转化区、生物医药产业区、科研转化区六大功能，同时配置建设饮食娱乐、特色文化与国际名品三大与生活配套的服务带。

中医药大楼
蛇形楼
电子商城
中国建设银行

鞍山西道城市设计及街道改造 2

调研现状与发现的问题

经过一周的拍照记录调研，发现由于鞍山西道为20世纪90年代兴建，加之维修保护的不到位出现很多问题，制约了科贸街商业的更好发展，影响了城市的景观。

1. 街道天际线单一，作为天津的中关村缺少整体的商业气氛，没有体现街道的商业定位和城市的发展水平。虽然周边生活配套设施齐全，但整体质量不高，经营者素质良莠不齐。

2. 街道沿街立面色彩杂乱，局部商铺招牌进行了整体的设计管理，与剩下的店铺没有联系成一体。而现有的局部规划又缺乏创新与个性，对于鞍山西道的商业定位价值没有起到推动作用。

3. 街道绿化不够完善，蛇形楼一带有街边小型景观，但缺乏管理维护，街道家具设置要素不够统一，同样缺乏维护，很多丧失了功能性。

解决方法
颜色统一
屋顶形式统一
商业招牌统一
公共设施统一
虚拟美化天际线
增添植物种类

左图为街道南侧建筑群，外立面颜色较杂乱不协调，楼顶造型未统一。

上图为街道南侧建筑，外立面做了些变化，但未和整条街道做统一处理。

右图为街道北侧天津大学北门旁的建筑，颜色与对面居民楼不协调。

左图为街道南侧建筑群，标牌未统一，建筑红色楼顶为改造后加。

这两段道路为西湖道到白堤路口的沿街立面，不难看出深粉色的区域为二次改造时新建的屋顶，但建筑颜色并未改动，又由于沿街商业招牌的杂乱和墙体的私自改动，整体显得十分凌乱。对于未来的改造而言，应首先解决招牌的统一而又不缺失设计感，同时前后墙体的粉刷，应与附近的时代数码广场和百脑汇大厦相匹配，以营造现代感的商业氛围为主题。

鞍山西道城市设计及街道改造 *3*

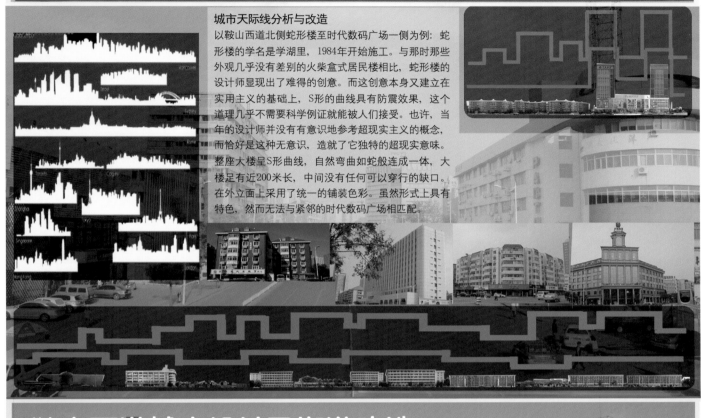

城市天际线分析与改造

以鞍山西道北侧蛇形楼至时代数码广场一侧为例：蛇形楼的学名是学湖里，1984年开始施工。与那时那些外观几乎没有差别的火柴盒式居民楼相比，蛇形楼的设计师显现出了难得的创意。而这创意本身又建立在实用主义的基础上，S形的曲线具有防震效果，这个道理几乎不需要科学例证就能被人们接受。也许，当年的设计师并没有有意识地参考超现实主义的概念，而恰好是这种无意识，造就了它独特的超现实意味。整座大楼呈S形曲线，自然弯曲如蛇般连成一体，大楼足有近200米长，中间没有任何可以穿行的缺口。在外立面上采用了统一的铺装色彩。虽然形式上具有特色，然而无法与紧邻的时代数码广场相匹配。

鞍山西道城市设计及街道改造 *4*

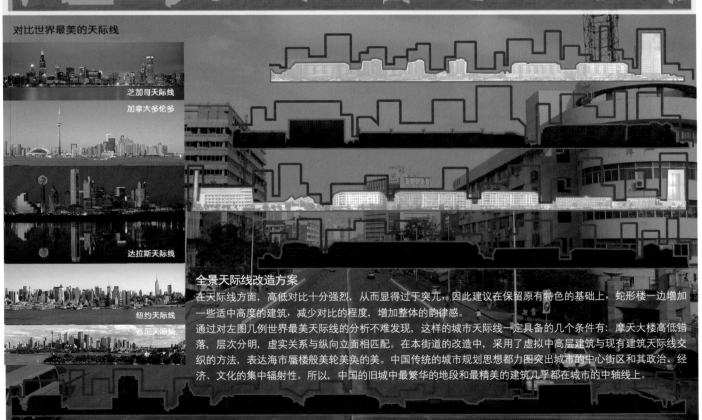

对比世界最美的天际线

芝加哥天际线
加拿大多伦多
达拉斯天际线
纽约天际线
悉尼天际线

全景天际线改造方案

在天际线方面，高低对比十分强烈，从而显得过于突兀，因此建议在保留原有特色的基础上，蛇形楼一边增加一些适中高度的建筑，减少对比的程度，增加整体的韵律感。

通过对左图几例世界最美天际线的分析不难发现，这样的城市天际线一定具备的几个条件有：摩天大楼高低错落，层次分明，虚实关系与纵向立面相匹配。在本街道的改造中，采用了虚拟中高层建筑与现有建筑天际线交织的方法，表达海市蜃楼般美轮美奂的美。中国传统的城市规划思想都力图突出城市的中心街区和其政治、经济、文化的集中辐射性。所以，中国的旧城中最繁华的地段和最精美的建筑几乎都在城市的中轴线上。

古文化街

天津文化源于老三岔河口，这也就决定了天津文化是漕运文化和移民文化的复合。老天津文化集中表现在由文庙和娘娘宫组成的"东门外文化圈"和位于城南的南市"三不管民俗文化圈"。20世纪80年代中期，新建的食品街和古文化街就选址在这两个老文化圈中，其匠心至今令人叹服。而近年来围绕这两条街形成的"南市商圈"和"新安商圈"，又反过来带动了这两个传统文化圈的恢复和发展。

历数天津文化，有许多与以商业街为中心的"商圈"紧密联系在一起。说天津的饮食文化，就要说天津的食品街，就要说食品街对天津饮食文化的抢救、整理，比如由它保留下来的"杜称奇"火烧、"崩豆张"干货。研究天津的"皇会"文化和"海神"文化，就要去古文化街和娘娘宫。虽然皇会不再有，民间工艺还在，"娘娘"还在。而

新安商圈

南市商圈

金街商圈

看天津近代中西合璧的建筑文化，就到五大道和意大利风情街，幽静而沧桑的五大道还保留着近代天津的"寓公文化"。而要了解天津人的购物文化，生活文化，绝对不能不去金街。

这也就理出了天津当代文化发展的一条清晰的脉络：商业街带动商圈，商圈带动整体经济，而经济的发展又捆绑着文化的发展与进步。一定意义上说，这就是"街文化"。

專業調研 古文化街

建筑特征

整修后的古文化街建筑总面积2.2万平方米，依然保持着当年的建筑风貌和基本线型，其建筑风格为仿明清小式建筑，层高均为一、二层；街区走向自然曲直，错落有致。外檐建筑尺度适中，商店铺面长短有序，呈现出鳞次栉比的古街效果。

天津古文化街分宫南与宫北大街，位于天津三岔河口西岸，原是祭祀海神和船工聚会娱乐的场所。1986年修建成包括天后宫及宫南、宫北大街在内的古文化街，全长

580米，两端有巨型仿古牌楼，街道两边近百家店铺，主要经营古旧书籍、民俗用品、传统手工艺品等，有著名的杨柳青年画、泥人张彩塑、乔香阁、风筝魏风筝和刘刻砖等专卖店铺。天后宫为中国三大妈祖庙之一，内设天津民俗博物馆，宫前广场及戏楼常有民间文艺及戏曲表演。整个文化街富有浓厚的历史味、文化味和天津味。

專業調研　古文化街

在调研中提出问题

在调研中看到，古文化街的建筑风格统一，却又如何避免枯燥单一的形式？商店复杂多样，如何避免商业混杂？

店面安排、店门设计统一又要有变化，参差设计，而非单一并列，使游客可以看到丰富多彩的建筑外观。加之建筑外立面采用了丰富多彩的装饰工艺，避免了单调乏味的重复，使其又不失韵律感。

就商业分布来看，不同商店交叉分布，娱乐、购物、餐饮并没有大的分区，如果能打破松散的布局，进行合理的规划布局，可能会使商业布局更加合理。

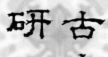

三、鼓楼

鼓楼的历史

天津卫三宗宝，鼓楼、炮台、铃铛阁。明朝永乐二年，天津设卫筑城，当时这座"卫城"只不过是土围子。经历了大约90年，到明朝弘治七年才砌成砖城，修建了东、西、南、北四个城门的城楼和角楼。有人说，现在的天津市就是以鼓楼为中心，向四周不断扩张而形成的，所以声称"鼓楼"是天津市的发源地。这座鼓楼高三层，楼底的一层，是用砖砌成的一座方台，下宽上窄，辟有四个拱形门洞，通行东、西、南、北四条大街。

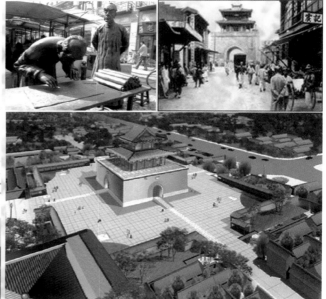

重建后的鼓楼

重建后的鼓楼体量增大，弥古而不拘古，雅俗共赏。建筑为27米见方，高也是27米，取9的倍数，有吉祥内涵。

鼓楼主体为钢混结构，砖作大式，设斗拱和飞檐，做殿式旋子彩画，重檐歇山屋顶。灰色筒瓦屋面，绿琉璃券边，汉白玉栏杆，脊上飞檐走兽。砖城四面做明式伏锅底券拱门，穿心门洞，四拱门上方恢复汉白玉城门石，仍镌刻镇东、安西、定南、拱北字样。鼓楼广场也为9乘9的长宽各81米见方，宽大而规整。

專業調研鼓樓

人文景观

鼓楼其人文景观表现在牌匾、楹联、店招、店幌、灯饰、霓虹灯、灯箱等设计上。牌匾以横匾为主，其间点缀竖匾、异彩匾、如扇面匾等。或黑底金字，或木本色绿字与红章表现出古朴典雅、庄重大方的特点。楹联也多采用上述形式。字体有真、行、草、隶、篆、汉简、魏碑等多种，有的还请名家题写，很少用印刷体字和黑体字。

店招和店幌分文字、形象、实物、象征四项，各种灯饰、灯具、挂灯、灯笼等，富有传统特色。灯笼主要采用中式串灯和宫灯、圆灯笼，灯箱以方灯箱为主，配有传统花式木榥如万字不到头、云纹、回纹、棋格等。霓虹灯虽为现代灯饰，但突出中式图案，如传统的吉祥植物、动物、器物、符物等。

鼓楼广场

中心广场平面布局以两条轴线进行布置，形成集中式构图，强调了广场的纪念性。该中心广场同时还可以作为展览场所，满足广场的功能需求。作为传统的鼓楼将成为广场的标志性景观，突出现代园林风格、现代手法。

广场的围墙设计以简单明快的风格和传统的艺术手法来处理，如采用砖雕、石雕和浮雕，通过色彩与质感的对比，直线与曲线的韵律变化，以动感空间和观赏空间的结合，营造休闲、亲和的气氛，为市民创造心旷神怡的景观感受。

專業調研 鼓樓

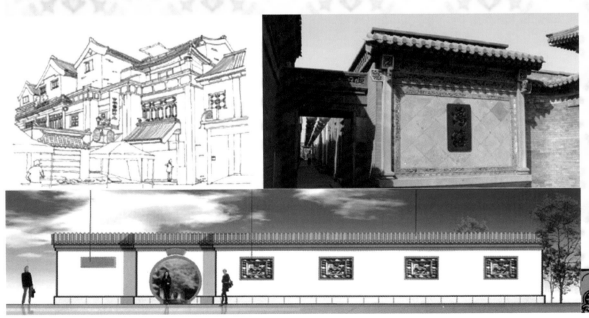

鞍山西道调研分析 与建筑立面改造

中医药附属医院　中医药大学　天津市药物研究院

区域位置

时代数码广场　西湖村小区　　　　天津大学宿舍　　　天津大学体育馆

一、鞍山西道

鞍山西道概况

当今，天津科贸街已实现规划建设的"一横、两纵、六区"，即鞍山西道与白堤路、红旗路组成的电子卖场"黄金十字线"以及中心区、创意区、综合服务区、教育转化区、生物医药产业区和科研转化区六大功能区，总建筑面积244万平方米，用于发展科技孵化器和配套服务业。科贸街已成为高新技术产业基地和科技企业总部基地，科技企业在科贸街内形成资金、技术、人力等资源的良性循环，由津门"硅谷"升格为辐射环渤海的"天津科贸城"。

街道现有问题（以南街为例）

首先，鞍山西道南街建筑没有明显特色，更确切地说，原有建筑未能体现本条道路科技化、现代化的特点。其次，整体上还是6层左右的建筑为主，只有时代数码广场的两座高层双子建筑成为整个立面上的一个突然高起，但在立面的表现上并不能尽如人意，不能构成优美的天际线景观。最后，街道景观，城市家具也未能结合科技化、现代化的定位实现统一的规划与布置，比较单调。

天际线现状

鞍山西道调研分析 与建筑立面改造

建筑立面改造

现代城市建筑高度普遍升高，城市中心地带的高层建筑群在整体形态中非常突出，城市的边界也因缺少强有力的视觉要素限定而越来越模糊，城市整体形态变得复杂。

从城市的总体形势来看，城市轮廓线是最特殊的要素，富有特征的天际线常常成为一个城市的标志景观。天际线中最有特征的部分可能是城市中的自然风景名胜，如南京玄武湖畔的九华山玄英塔、鸡笼山和鸡鸣寺；也可能是重要公共建筑或高层建筑群的轮廓线，如伦敦的议会大厦、上海陆家嘴的高层建筑群等。

建筑物的轮廓线为城市提供了具有自身特点的城市岁月，通过轮廓线区分和辨识居民区，轮廓线创造了建筑的形象特点，唤起了人们愉悦的感情，因此应该保护不同时期城市轮廓线的特色。

城市天际线

城市天际线的美感取决于三项要素：一是自身形式；二是周围环境，如照明、气候、空气等；三是观赏者的心境、爱好和联想。Wayne Attoe在其所著的《天际线城市轮廓的理解和铸造》一书中把天际线美变量分为物质和直觉的两组，其中物质性的变量包括韵律、和谐及配置、形式、层次等；知觉性的变量包括亲临城市时引人入胜的感受、循序显现、并列及比喻等。

建筑改造方案

1. 加建高层写字楼、住宅、酒店等，使建筑立面从整体上增加韵律感，高低错落。
2. 建筑外形还是以直线为主，其现代风格更能体现街区的时代感。
3. 在蛇形楼与时代数码广场的过渡部分加盖中高层，使两者的连接不会太突兀，更加和谐。

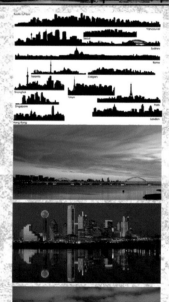

天际线改造

1 长江道调研与建筑立面改造

调研范围与沿街建筑

调研范围与沿街建筑

调研的范围是长江道中的一小段，从广开六马路与长江道的交口到南开六马路与长江道的交口，其中道路南面沿街建筑包括一部分居民楼，殴菲整形医院所在的玻璃立面高层，中国平安保险大厦，天津市物资集团总公司金属事业部，天津市烹饪技术学校教学楼，蓬英楼饭庄，天津市化工设计院，天津市轻工业设计院和轻工装备研究所。

现状问题

现状问题

根据实地调研与阅读资料，我发现长江道两边建筑用地混杂，工业用地与居住用地相间分布；传统工业逐渐衰退；居住区配套较完整，但水平不高，居住环境有待改善；道路骨架已形成，但缺乏梳理，道路景观较差。

建筑立面分析

建筑立面分析

将这段路的沿街建筑立面拼凑在一起，就能形成这一区域的城市天际线。由此看出这段天际线变化少，线条缺乏生气，并由此出发进行改造。

2 长江道调研与建筑立面改造

长江道未来规划

长江道未来规划

整合长江道现有用地，塑造具有序列感的长江道沿线景观，提升和扩大长江道沿线的外溢影响力，成为南开区一条重要的智力商业延伸带，使长江道沿线成为一条凝聚人才和智慧的办公走廊，极具商业人气和活力的财富金廊。
街区规划包括高级办公、文化活动、商务会面、商业展示等。

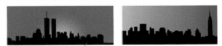

美国的天际线

美国的天际线

纽约的城市天际线是目前现代城市里最美丽的，远远地眺望城市天际线，高低错落、疏密有致的现代建筑总能让人心旷神怡。特别是作为现代城市的代表，纽约的高楼让人产生一种无比的兴奋与成功的渴望，这也是都市的魅力所在。

美国纽约天际线

立面改造

立面改造

改造后的长江道城市天际线高低错落，线条生动活泼。城市若是一个人的肌肤，天际线则是服饰包装，应该展现海市蜃楼般美轮美奂的美。

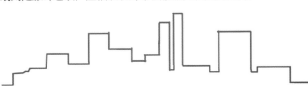

始自1902——人文瑰宝新意街

New I-Style Town, a local treasure

1923年意大利政府将天津意大利租界作为"自治"区域，设立工部局董事会作为行政机构，掌管警察、工程、财政等权力。凡居住在此地租借的居民都有选举权，但只5个人的董事会中必须有3个人是意大利国籍。1929年意大利政府根据本国的制度颁布了《天津意大利界章程》，由意大利外交部任命行政长官。

区位及范围

■ 意大利对华贸易有限，来华商人不多。但天津意租界注意市政建设，将其发展成一处高级住宅区、广场、花园点缀其间。1914年，天津意租界将大马路（建国道）建成天津第一条柏油马路，并最先将所有道路修成高级路面。

■ 意式风貌建筑保护区是意大利境外唯一一处保存完好的意大利风貌建筑群和完整的居住社区，也是境外9个租界之一，同时也是天津的9个租界之一。位置在天津奥租界与天津老龙头火车站不远，与市中心原法租界和日租界隔河相望。南临海河，距离老龙头火车站不远。

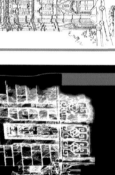

一意大利风情区写生与调研

始自1902——人文瑰宝新意街

New I-Style Town, a cultural treasure

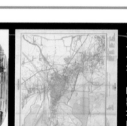

大量的租界，其中有着五大道等一大片西洋建筑。

■ 天津是以丰富的近代史史迹为主要特点的历史文化名城，也是最早与西方文明接触的城市之一，孕育了丰厚的历史文化底蕴，形成了"近代中国看天津"的城市特色。天津也是一个很有情愫的城市，一方面它的民俗很"俗"，包括它的曲艺等下里巴人的世俗艺术；另一方面它又有

历史简介

■ 天津意租界于1902年6月7日开辟，占地面积771亩。意大利领事馆位于费洛梯上尉（建国道52号），首任领事为费洛梯上尉。意大利租界最初并没有多少意大利人居住。据统计，1911年意大利租界只有251名意大利人和53348名中国居民。意大利租界建立初期由意大利政府派行政委员建立执行使行政权。

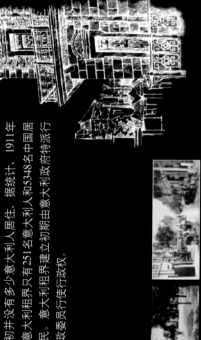

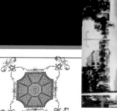

一意大利风情区写生与调研

始自1902——人文瑰宝新意街

商业业态分析

- 在已建成营业的从光复路步行街到博爱道的两个街区中，有各国主题餐厅9家、酒吧6家、艺术中心3家以及1家摄影会馆、1家电影院。我们不仅可以品尝到纯正的意式小吃，依赏到意大利风情表演，还可以观赏意式风貌区的人文风采，参与各种意大利服饰、工艺品等展示会。异国风情的意式、法式、德式、泰式美食餐馆在新意街里应有尽有，如普罗旺斯餐厅、塞纳河畔法餐厅、威尼斯啤酒吧、巴伐利亚啤酒坊……这些各具风格的餐厅内外都装饰得典雅、考究，特色鲜明。

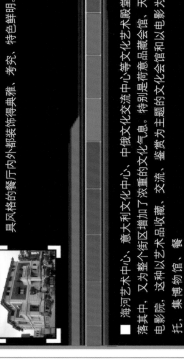

- 海河艺术中心、意大利文化中心、中俄文化交流中心等文化艺术殿堂坐落其中，又为整个街区增加了浓重的文化气息，特别是荟萃意大利藏品的会馆、天堂电影院。这种以艺术品收藏、交流，鉴赏为主题的文化会馆和以电影为依托、集博物馆、放映馆、交流馆、展演于一体的主题会所，更让人感觉新奇与特别。

一意大利风情区写生与调研

始自1902——人文瑰宝新意街

周边情况及道路分布

- 新意街位于奥租界与俄租界之间，与天津火车站距离很近，给第一次来天津的外地人创造了美好的印象。从另一个层面为人们展现了天津租界地区历史建筑的新面貌。面朝海河。过了北安桥便是天津最繁华的商业街和平路。新意式风情区于2005年修葺完毕，自海河岸边绵延到胜利路，多为意大利租界时期留下的小洋楼下名人故居，经过整修成为旅游和商务休闲场所。新意街的建筑中最著名的是梁启超饮冰室、冯国璋故居、曹思禹故居、华世奎故居，第一工人文化宫（原回力球馆）和意大利兵营等典型风貌建筑。

- 马可·波罗广场位于两条道路交口，是典型的意大利风格建筑，成为重要的意大利风格景观。保留着100余年以前的地中海风情。意式花园分布合理清晰，街心花园的纪念碑造型更加美观大方，周围建筑以此为中心围绕建立。造型多样而美观大方，内的道路为方格路网状格局，使建筑以此为中心围绕建立。目前，新街已经被评为国家3星级旅游区。

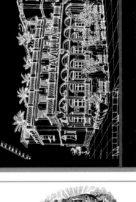

一意大利风情区写生与调研

始自1902——人文瑰宝新意街

Sino 1902 New J-Style Town, acultur

2. 建筑装饰无文化，单纯追求建筑正面的美观。在调研中笔者无意中走到了一个建筑的背面，发现它的背面远远没有正面好看，立面缺乏装饰细节，单调死板。所以新意街在改造前需要更加细致地设计与规划，增加细节装饰，做到整体上的完美。

三里屯诺吧街

相似案例比较，如北京三里屯酒吧街。

1. 三里屯毗邻近北京第二使馆区，尽管装修简单，但外国人还是频频光顾，乐此不疲。加之东城区外企密集，所以白领也常来消遣。

2. 交通非常便利，从这里出发向南便可抵达朝外大街，距长安街国贸中心也不过3公里路程。

3. 配套设施完善，三里屯区域经过几年的规划改造，已经从一个单纯的酒吧街，发展成为一个比较成熟的社区，周边配套都比较丰富。加之这区域内的三里屯独特的文化氛围以及周边有的70余个外国使馆，使得区域内国际气氛比较浓厚，此外还有类似劳草地学校的知名国际学校。

six

一意大利风情区写生与调研

始自1902——人文瑰宝新意街

Sino 1902 New J-Style Town, acultural treasure

■ 挖掘历史，彰显底蕴，突出个性，促进文化旅游发展，正是新意街建设的主旨和经营理念。几年来按照"修旧如旧"的原则，通过对这个区域进行保护性的开发，使这片风格独特的西洋建筑不仅完整地再现了其历史风貌，还融入了更多的文化艺术和商业元素，成为展示天津历史文化的窗口，形成了集餐饮娱乐、休闲购物、创意产业一体的服务业态。这里成了国外朋友消费的聚集地，市民休闲的娱乐场，青年约会的浪漫场所和举家度假旅的游览地，每天接待的宾客多达五六人。

调研问题的发现及解决

1. 意式风情街每天接待大量的旅游团和散客来这里参观，可是通过调研发现，问题是没有多少人真正坐在风情街中的西餐厅享受各国美食，人们坐在餐厅外的座椅上都是因为走累了想歇歇脚，有少数人为了谈事在餐厅里驻足但都只点了一杯饮料或数零食，原因就是太贵了。这里任何投资都很大，地租、房租、装修、厨师费用等等，餐厅不不得已抬高物价，故此新意街的店面应该平衡好物价，做物美价廉，让游客减少旅游的压力。

five

一意大利风情区写生与调研